饲料基础知识及其加工技术探究

王　桃　著

吉林科学技术出版社

图书在版编目（CIP）数据

饲料基础知识及其加工技术探究 / 王桃著． -- 长
春：吉林科学技术出版社，2019.12
ISBN 978-7-5578-5863-6

Ⅰ．①饲… Ⅱ．①王… Ⅲ．①饲料加工 Ⅳ．①S816

中国版本图书馆 CIP 数据核字（2019）第 167320 号

饲料基础知识及其加工技术探究

著　　者	王　桃
出 版 人	李　梁
责任编辑	朱　萌
封面设计	刘　华
制　　版	王　朋
开　　本	185mm×260mm
字　　数	210 千字
印　　张	9.25
版　　次	2019 年 12 月第 1 版
印　　次	2019 年 12 月第 1 次印刷

出　　版　吉林科学技术出版社
发　　行　吉林科学技术出版社
地　　址　长春市福祉大路 5788 号出版集团 A 座
邮　　编　130118
发行部电话 / 传真　0431—81629529　　81629530　　81629531
　　　　　　　　　　81629532　　81629533　　81629534

储运部电话　0431—86059116
编辑部电话　0431—81629517
网　　址　www.jlstp.net
印　　刷　北京宝莲鸿图科技有限公司

书　　号　ISBN 978-7-5578-5863-6
定　　价　48.00 元

前　言

　　饲料工业是我国新兴的基础工业，是国民经济支柱产业之一。经过30多年的发展，我国饲料工业已初具规模，形成了包括饲料加工业、饲料添加剂工业、饲料原料工业、饲料机械制造工业和饲料科研、教育、标准、检测等一整套体系。饲料加工利用技术是其中的重要环节，涉及饲料加工企业、饲料生产企业等众多厂家。

　　随着人们对畜禽产品品质需求的不断提高，高新技术在饲料工业中应用，饲料已经不能仅依靠粉碎、配料、混合等简单工艺进行加工生产，而是需要根据动物的生理需要和原料的特性，运用更加精细的加工工艺、先进的设备和专业化的流水作业，来提高饲料的质量以及养分的利用率。同时，伴随着人们"食品安全""资源节约""低破生活"和"环境保护"意识的增强，对饲料加工技术提出了更安全、更节能、更环保的要求。

　　为了适应饲料产业的发展需要，本书从六个方面展开论述，详细介绍了饲料及饲料加工技术的知识，内容包括：饲料及饲料加工基础知识、饲料的营养特点和利用、饲料厂工艺设计、饲料原料加工、饲料加工过程中的质量控制、饲料加工过程中的安全防治。本书知识性强，可供从事饲料生产的技术人员、工人等工作者参考使用。

　　由于作者水平有限，书中的疏漏和不足之处在所难免，敬请同行和读者不吝批评赐教。

目录

第一章　饲料及饲料加工基础知识

第一节　饲料的相关概念及特点

　　凡是用来饲喂畜禽，能被畜禽采食、消化，并能为畜禽提供养分、无毒害作用的植物性、动物性、矿物性的物质，都可称为饲料。我国饲料资源丰富，种类繁多，特性各异。为便于应用与研究，必须根据其营养特性进行科学分类；为科学地、经济地配合日粮，满足畜禽的各种营养需要，必须评定各种饲料的营养价值；为提高饲料的营养价值和适口性，必须研究各类饲料的加工调制方法。

一、饲料的基本概念

1. 饲料原料

　　是指来源于动物、植物、微生物或者矿物质，用于加工制作饲料但不属于饲料添加剂的饲用物质。

2. 单一饲料

　　是指来源于一种动物、植物、微生物或者矿物质，用于饲料产品生产的饲料。单一饲料主要是根据原料组成的特点，为动物生长提供能量、蛋白质、氨基酸矿物质、维生素等某一种营养成分为主，或者以特殊目的而添加到饲料中的产品。单饲料原料普遍存在营养不平衡，不能满足动物生长的营养需要，有些饲料原料还存在适口性差或者饲料中含有抗营养因子等问题，不能直接饲喂动物。

3. 配合饲料

　　是指根据养殖动物营养需要，将多种饲料原料和饲料添加剂按照定比例配制的饲料。科学、合理地利用饲料，降低饲料成本是发展畜牧业的重要手段。

　　为了合理利用各种饲料原料，提高高饲料的利用效率和营养价值，提高饲料产品的综合性能，将各种饲料进行合理搭配，以便充分发挥各种单一饲料的优点。实际生产中以饲料营养价值评定的试验和研究为基础，按科学配方把不同来源的饲料原料按一定比例均匀混合，并按规定的工艺流程生产满足实际需求的各种配合饲料。

配合饲料是饲料加工企业生产量最大、所用原料最多的商品饲料，其中所用原料及半成品饲料包括营养性添加剂如氨基酸、微量元素和维生素等，非营养性添加剂如抑菌促生长剂、抗氧化剂、防腐剂、防霉剂、驱虫保健剂、酶制剂等，以及载体、蛋白饲料和能量饲料等。

4. 浓缩饲料

是指主要由蛋白质、矿物质和饲料添加剂按照一定比例配制的饲料。

相对于配合饲料，浓缩饲料属于中间产品，具有蛋白质、预混合饲料含量高，能量饲料不足的特点，不能直接用来饲喂动物，使用者需要按照说明要求，掺入一定比例的能量饲料（玉米、小麦、高粱等）才能成为满足动物营养需要的配合饲料。

5. 精料补充料

是指为补充草食动物的营养，将多种饲料原料和饲料添加剂按照一定比例配制的饲料。

6. 添加剂预混合饲料

是指由两种（类）或者两种（类）以上营养性饲料添加剂为主，与载体或者稀释剂按照一定比例配制的饲料，包括复合预混合饲料、微量元素预混合饲料、维生素预混合饲料。复合预混合饲料，是指以矿物质微量元素、维生素、氨基酸中任何两类或两类以上的营养性饲料添加剂为主，与其他饲料添加剂、载体和（或）稀释剂按一定比例配制的均匀混合物。微量元素预混合饲料，是指两种或两种以上矿物质微量元素与载体和（或）稀释剂按一定比例配制的均匀混合物。维生素预混合饲料，是指两种或两种以上维生素与载体和（或）稀释剂按一定比例配制的均匀混合物。

7. 药物饲料添加剂

是指为预防、治疗动物疾病而掺入载体或者稀释剂的兽药的预混合物质。

8. 营养性饲料添加剂

是指为补充饲料营养成分而掺入饲料中的少量或者微量物质，包括饲料级氨基酸、维生素、矿物质微量元素、酶制剂、非蛋白氮等。

二、配合饲料的特点

配合饲料是根据科学试验经过实践验证而设计和生产的，集中了动物营养和饲料科学的研究成果，并能把各种不同的组分（原料）均匀混合在一起，从而保证有效成分的稳定一致，提高饲料的营养价值和经济效益。配合饲料的特点主要包括以下几个方面：

1. 科学性

配合饲料的科学性，是根据不同动物的不同生长阶段、不同生理要求、不同生产用途的营养需要，以饲料原料的营养价值为基础，依据饲养标准而设计的饲料产品。在保证动物对营养物质满足的条件下，动物能够获得理想的生长发育和达到最佳生产水平，提高饲料的营养价值和经济效益。

2. 实用性

配合饲料产品要求结合生产并应用于生产，即考虑到动物的适口性，同时将动物营养需要与采食量相结合，根据当地的自然资源情况合理选用饲料原料，生产满足不同动物生长和生产需要的饲料产品。配合饲料可直接饲喂或经简单处理后饲喂，方便用户使用。

3. 经济性

通过采用科学的配方，饲料原料立足于本地丰富的资源，合理利用当地的各种饲料资源，降低饲料成本。

4. 保证畜禽良好正常发育

配合饲料是根据氨基酸平衡等理念生产的营养平衡饲料，因此能够保证动物的营养需求，使其能正常发育，提高饲料转化效率，避免营养学疾病的发生。

5. 安全性

配合饲料的生产需要根据有关标准、饲料法规和饲料管理条例进行，有利于保证饲料质量，并有利于人类和动物的健康，且有利于环境保护和维护生态平衡。

6. 易保管，便于运输

配合饲料经过加工后，更便于运输和储存，减少了用户的劳动量。

第二节　饲料的分类

生产实践中饲料的种类很多，而且各种饲料的特性有很大差别。就营养价值而言，不同饲料间高与低相差悬殊，不同饲料间各有其特点。畜牧工作者与饲料工作人员为了明辨各种饲料的特点，以便区别记忆，达到合理利用的目的，就提出对饲料分类。

一、饲料原料的分类

饲料分类（classification of feeds）方法目前在世界各国尚未完全统一，美国学者哈理斯（L E.Harris，1963）根据饲料的营养特性将饲料原料分成八大类，对每类饲料冠以相应的国际饲料编码（international feeds number，IFN），并应用计算机技术建立有国际饲料数据管理系统。这一分类系统在全世界已有近30个国家采用或赞同，但多数国家则采取国际饲料分类与本国生产实际相结合的方法，或按饲料来源，或按饲喂动物对象，或按传统习惯进行分类。

（一）国际饲料分类法

1. 粗饲料（forage roughage）

干草类（包括牧草）、农副产品类（包括荚、壳、藤、蔓、秸、秧）及干物质中粗纤维含量为 18% 及 18% 以上的糟渣类、树叶类和添加剂及其他类，糟渣类中水分含量不属于天然水分者，应区别于青绿饲料。IFN 形式：1—00—000。

2. 青绿饲料（pasturage plants and feeds green）

天然水分含量为 60% 及 60% 以上的新鲜饲草及以放牧形式饲喂的人工种植牧草、草地牧草等，还包括一些树叶类以及非淀粉质的块根块茎类及瓜果类，不考虑青绿饲料折干后的粗蛋白质和粗纤维含量。IFN 形式：2—00—000。

3. 青贮饲料（silage）

用新鲜的天然绿色植物调制成的青贮料及加有适量麸类和其他添加物的青贮饲料，本类饲料中也包括水分在 45%~55% 的半干贮青绿饲料。IFN 形式：3—00—000。

4. 能量饲料（emergy feeds）

在干物质中粗纤维含量低于 18%，粗蛋白质含量低于 20% 的谷实类、糠麸类、草籽树实类及其他类。IFN 形式：4—00—000。

5. 蛋白质饲料

也称蛋白质补充料（protein supplements），干物质中粗纤维含量低于 18%，同时粗蛋白质在 20% 以上的豆类、饼粕类、动物性饲料及其他。IFN 形式：5—00—000。

6. 矿物质（minerals）

可供饲用的天然矿物质及化工合成的无机盐类，也包括配合载体或赋形剂的痕量、微量、常量元素的饲料。IFN 形式：6—00—000。

7. 维生素饲料（vitamins）

由工业合成或提纯的维生素制剂，但不包括富含维生素的天然青绿饲料在内。IFN 形式：7—00—000。

8. 饲料添加剂（feed additives）

为保证或改善饲料品质，防止质量下降，促进动物生长繁殖，保障动物健康而掺入饲料中的少量或微量物质。但合成氨基酸、维生素和矿物质不包括在内。主要指非营养性添加剂。在很多情况下，不少学者也将氨基酸、维生素和微量矿物质归为饲料添加剂。IFN 形式：8—00—000。

（二）中国饲料分类法

20 世纪 80 年代在我国张子仪研究员的主持下依据国际饲料分类原则与我国传统分类体系相结合，提出了我国的饲料分类法和编码系统，建立了我国饲料数据库管理系统及饲料分类方法。首先根据国际饲料分类原则将饲料分成八大类，然后结合中国传统饲料分类习惯分成 17 亚类，两者结合，迄今可能出现的类别有 37 类。对每类饲料冠以相应的中国饲料编码（feeds number of China，CFN），共三节七位数，首位为 IFN，第二、第三位为 CFN 亚类编号，第四至第七位为顺序号，今后根据饲料科学及计算机软件的发展仍可拓宽。这一分类方法的特点是，用户既可以根据国际饲料分类原则判定饲料性质，又可以根据传统习惯，从亚类中检索饲料资源出处，是对国际饲料分类 IFN 系统的重要补充及修正。

1. 青绿饲料

青绿饲料以天然水分含量为第一条件。不考虑其部分失水状态、风干状态或绝干状态时的粗纤维含量或粗蛋白质含量是否满足构成粗饲料、能量饲料或蛋白质饲料的条件。凡天然水分含量大于或等于 45% 的新鲜牧草、草地牧草、野菜、鲜嫩的藤蔓、秸秧类和部分未完全成熟的谷物植株等皆属此类。CFN 形式：2—01—0000。

2. 树叶类

树叶类有 2 种类型。其一是刚采摘下来的树叶，饲用时的天然水分含量尚能保持在 45% 以上，这种形式多是一过性的，数量不大，国际饲料分类属青绿饲料，CFN 形式：2—02—0000。另一种类型是风干后的乔木、灌木、亚灌木的树叶等，干物质中的粗纤维含量大于或等于 18% 的树叶类：如槐叶、银合欢叶、松针叶、木薯叶等，按国际饲料分类属粗饲料。CFN 形式：1—02—0000。

3. 青贮饲料

青贮饲料有 3 种类型。其一是由新鲜的植物性饲料调制成的青贮饲料（silage），或在新鲜的植物性饲料中加有各种辅料（如小麦麸、尿素、糖蜜）或防腐、防霉添加剂制作成的青贮饲料，一般含水量在 65%～75%。CFN 形式：3—03—0000。其二是低水分青贮饲料（10w moisture silage），亦称半干青贮饲料（haylage），用天然水分含量为 45%～55% 的半干青绿植物调制成的青贮饲料，CFN 形式与常规青贮饲料相同。即：3—03—0000。其三是随着钢筒青贮或密封青贮窖的普及，从 20 世纪 50 年代以后，欧美各国盛行的谷物湿贮（grain silage），目前常见的是以新鲜玉米、麦类籽实为主要原料的各种类型的谷物湿贮，其水分约在 28%～35% 范围，从其营养成分的含量看，符合国际饲料分类中的能量饲料标准，但从调制方法分析又属青贮饲料，在国际饲料分类中无明确规定。CFN 形式：4—03—0000。

4. 块根、块茎、瓜果类

天然水分含量大于或等于 45% 的块根、块茎、瓜果类，如胡萝卜、芜菁、饲料甜菜、落果、瓜皮等。这类饲料脱水后的干物质中粗纤维和粗蛋白质含量都较低，鲜喂时则 CFN 形式：2—04—0000；干喂时则 CFN 形式：4—04—0000。如甘薯干、木薯干等。

5. 干草类

人工栽培或野生牧草的脱水或风干物，饲料的水分含量在 15% 以下（霉菌繁殖水分临界点），水分含量15%～45%的干草罕见，多属半成品或一过性。有三种类型：第一类，干物质中粗纤维含量大于或等于18%者都属于粗饲料。CFN形式：1—05—0000；第二类，干物质中粗纤维含量小于18%，而粗蛋白质含量也小于20%者，属能量饲料。CFN形式：4—05—0000；另有一些优质豆科牧草，如苜蓿或紫云英，干物质中的粗蛋白质含量大于或等于20%，而粗纤维含量又低于18%者，按国际饲料分类原则应属蛋白质饲料。CFN形式：5—05—0000。

6. 农副产品类

农副产品类有3种类型。其一是干物质中粗纤维含量大于或等于18%者，如秸、荚、壳等，都属于粗饲料。CFN形式：1—06—0000；其二是干物质中粗纤维含量小于18%、粗蛋白含量也小于20%者，属能量饲料。CFN形式为4—06—0000（罕见）；其三是干物质中粗纤维含量小于18%，而粗蛋白质含量大于或等于20%者，属于蛋白质饲料。CFN形式：5—06—0000（罕见）。

7. 谷实类

粮食作物的籽实中除某些带壳的谷实外，粗纤维、粗蛋白质的含量都较低，在国际饲料分类原则中属能量饲料，如玉米、稻谷等。CFN形式：4—07—0000。

8. 糠麸类

糠麸类有2种类型。其一是干物质中粗纤维含量小于18%，粗蛋白质含量小于20%的各种粮食的加工副产品，如小麦麸、米糠、玉米皮、高粱糠等，在国际饲料分类中属能量饲料。CFN形式：4—08—0000。其二是粮食加工后的低档副产品或在米糠中人为掺入没有实际营养价值的稻壳粉等，其中干物质中的粗纤维含量多大于18%，按国际饲料分类原则属于粗饲料，如统糠、生谷机糠等。CFN形式：1—08—0000。其他类型罕见。

9. 豆类

豆类有2种类型。豆类籽实中可供作蛋白质补充料者。CFN形式：5—09—0000；个别豆类籽实的干物质中粗蛋白质含量在20%以下，如广东的鸡子豆和江苏的爬豆属于能量饲料。CFN形式：4—09—0000。干物质中粗纤维含量大于或等于18%者罕见。

10. 饼粕类

饼粕类共有3种类型。干物质中粗蛋白质大于或等于20%，粗纤维含量小于18%，大部分饼粕属于此，为蛋白质饲料。CFN形式：5—10—0000。干物质中粗纤维含量大于或等于18%的饼粕类，即使其干物质中粗蛋白质含量大于或等于20%，按国际饲料分类原则仍属于粗饲料，如有些多壳的葵花子饼及棉籽饼。CFN形式：1—10—0000。还有一些低蛋白质，低纤维的饼粕类饲料，如米糠饼、玉米胚芽饼，则属于能量饲料。CFN形式：4—08—0000。

11. 糟渣类

糟渣类有3种类型。干物质中的粗纤维含量大于或等于18%者归入粗饲料。CFN形式：

1—11—0000。干物质中粗蛋白质含量低于20%，但粗纤维含量也低于18%者属于能量饲料，如粉渣、醋渣、酒渣、甜菜渣、饴糖渣中的一部分皆属于此类。CFN形式：4—11—0000。干物质中粗蛋白质含量大于或等于20%，而粗纤维含量又小于18%者在国际饲料分类中属蛋白质补充料，如啤酒糟、饴糖渣。尽管这类饲料的蛋白质、氨基酸利用率较差，但根据国际饲料分类原则仍属于蛋白质补充料。CFN形式：5—11—0000。

12. 草籽树实类

草籽树实类有3种类型。干物质中粗纤维含量在18%以上者属粗饲料。CFN形式：1—12—0000。干物质中粗纤维含量在18%以下，而粗蛋白质含量小于20%者属能量饲料，如稗草籽、沙枣等。CFN形式：4—12—0000。但也有干物质中粗纤维含量在18%以下，而粗蛋白质含量大于或等于20%者，较为罕见。CFN形式：5—12—0000。

13. 动物性饲料

动物性饲料有3种类型。来源于渔业、畜牧业的饲料及加工副产品，其干物质中粗蛋白质含量大于或等于20%者属蛋白质饲料，如鱼、虾、肉、骨、皮、毛、血、蚕蛹等。CFN形式：5—13—0000。粗蛋白质及粗灰分含量都较低的动物油脂类属能量饲料，如牛脂.猪油等。CFN形式：4—13—0000。粗蛋白质含量及粗脂肪含量均较低，以补充钙磷为目的者属矿物质饲料，如骨粉、蛋壳粉、贝壳粉等。CFN形式：6—13—0000。

14. 矿物质饲料

可供饲用的天然矿物质，如白云石粉、大理石粉、石灰石粉等；化工合成的无机盐类，如硫酸铜等；以及有机配位体与金属离子的螯合物，如蛋氨酸性锌等。CFN形式：6—14—0000；来源于动物性饲料的矿物质也属此类，如骨粉、贝壳粉等。CFN形式：6—13—0000。

15. 维生素饲料

由工业合成或提取的单一或复合维生素制剂，如硫胺素、核黄素、胆碱、维生素A、维生素D、维生素E等，但不包括富含维生素的天然青绿多汁饲料。CFN形式：7—15—0000。

16. 添加剂及其他

共有2种类型。为了补充营养物质，提高饲料利用率，保证或改善饲料品质，防止饲料质量下降，促进生长繁殖、动物生产，保障动物的健康而掺入饲料中的少量或微量营养性及非营养性物质，如防腐剂、促生长剂、抗氧化剂、饲料黏合剂、驱虫保健剂等。CFN形式：8—16—0000。饲料中用于补充氨基酸为目的的工业合成赖氨酸、蛋氨酸等也归入这一类。CFN形式：5—16—0000。

17. 油脂类饲料及其他

油脂类饲料（oil fat for feeds）主要是以补充能量为目的，属于能量饲料。CFN形式：4—17—0000。随着饲料科学研究水平的不断提高及饲料新产品的涌现，还会不断增加新的 CFN 形式。

二、饲料添加剂的分类

按照《饲料添加剂品种目录（2013 年）》（中华人民共和国农业部公告第 2045 号），饲料添加剂分为氨基酸、氨基酸盐及其类似物，维生素及类维生素，矿物元素及其络（整）合物，酶制剂，微生物，非蛋白氮，抗氧化剂，防腐剂、防霉剂和酸度调节剂，着色剂，调味和诱食物质，勃结剂、抗结块剂、稳定剂和乳化剂，多糖和寡糖以及其他 14 类。

三、饲料产品的分类

饲料产品可根据营养成分、物理性状、动物种类及阶段进行分类。

1. 按饲料营养成分进行分类

饲料产品按营养成分可分为配合饲料、浓缩饲料、精料补充料和添加剂预混合饲料。

2. 按饲料物理性状进行分类

饲料产品按物理性状主要分为粉状饲料、颗粒饲料、膨化饲料和破碎饲料。此外，还有块状饲料、液体饲料等。

3. 按动物的不同种类、阶段进行分类

饲料产品按动物种类可分为猪饲料、鸡饲料、牛饲料、实验动物饲料等。按动物生理阶段可将猪饲料分为乳猪饲料、仔猪饲料、生长猪饲料、肥育猪饲料等；母猪饲料可分为后备母猪料、娃振母猪料、泌乳母猪料等；奶牛料可分为按牛精料补充料、后备母牛精料补充料、干奶牛精料补充料和泌乳母牛精料补充料。

第三节　饲料养分含量及作用

一、饲料养分含量

饲料养分主要有水分、蛋白质、粗脂肪、粗纤维、无氮浸出物、灰分（或称矿物质）、维生素、能量。

（一）水分

各种饲料均含有水分，其含量差异很大，一般在 5% ~ 95% 之间。由于收割时期、植株部位等不同，同一种饲用植物其含水就会有较大差异。幼嫩时水分较多，成熟时水分较少；枝叶中水分较多，茎秆中水分较少；不同饲用植物其含水也有很大差异。如谷类籽实、糠

麸、油饼等含水分较少，仅为10%左右，而酒糟、粉渣等饲料含水分较高，可达90%以上。饲料养分及含量见表1-1。

表1-1 饲料的养分含量

养分名称	各种饲料名称	含量（%）
水分	干草类	8 ~ 14
	蒿秆及糠麸	8 ~ 15
	油饼及籽实	9 ~ 14
	青饲料	70 ~ 90
	多汁饲料	72 ~ 95

（二）蛋白质

是饲料中所含氮物质的总称，包括纯蛋白质与氨化物两部分，主要由碳、氢、氧、氮四种元素组成。先合成基本结构单位氨基酸，然后再由许多氨基酸联结而成蛋白质。

所有饲料中均含有蛋白质。但同一种饲料植物由于生长阶段、植物的部位不同，蛋白质的含量也不相同，一般是饲料植物幼嫩时含量多，开花后含量迅速下降；饲料植物结籽后，种子中的含量最多，秸秆中含量最少；饲料植物叶片中含量较多，茎秆中含量较少；禾本科饲料植物在抽穗时含量较多，乳熟期含量次之，蜡熟期含量最少。不同饲料植物蛋白质的含量和品质也各有所不同，一般是豆科植物及油饼类饲料含量最高、品质最好，禾本科植物含量较少、品质一般，藁秆饲料含量最少，品质也最差。饲料养分及含量见表1-2。

表1-2 饲料的养分含量

养分名称	各种饲料名称	含量（%）
多汁饲料	禾谷类	1 ~ 3
	干草及藁秆	7 ~ 13
	蛋白质	15 ~ 20
	青饲料	18 ~ 20
	豆类	25 ~ 35
	油饼类	37 ~ 46
	鱼粉	50 ~ 60
	血粉	80 ~ 90

（三）粗脂肪

由碳、氢、氧三种元素组成，按照脂肪结构可分为真脂肪和类脂肪两大类。饲料中脂肪含量差异较大，一般在1% ~ 10%之间。同一种饲料植物由于部位不同脂肪的含量也不同，籽实中含量较高，茎叶中含量次之，根部含量最少。不同饲料植物脂肪的含量也不同，一般是豆科植物的含量高于禾本科植物（大豆除外），禾本科植物籽实中的含量高于豆科植物籽实的含量。糠麸含脂肪量较高，为10%左右。秸秆类饲料含脂肪量较少，不到2%。根茎类饲料含脂肪量更少，均在1%以下。饲料养分及含量见表1-3。

表1-3　饲料的养分含量

养分名称	各种饲料名称	含量（%）
多汁饲料	藁秆类	1以下
	脂肪	1~4
	禾谷类	1~6
	豆类	1.5~1.8
	油饼类	6~15

（四）粗纤维

由纤维素、半纤维素、多缩戊糖及木质素、角质等组成，是植物细胞壁的主要成分，也是饲料中最难消化的营养物质。饲料植物的生长阶段不同，粗纤维的含量也不同，幼嫩时含量较低，随着植物的生长，粗纤维的含量会逐渐增加，越到生长后期含量越高。饲料植物的部位不同，粗纤维的含量也不同，一般是植物的茎部含量多，叶部次之，果实、块根和地下茎含量最少。在各种饲料中，粗纤维的含量以藁秆类饲料最多，糠麸类饲料次之，籽实类饲料较少，根茎类饲料最少。饲料养分及含量见表1-4。

表1-4　饲料的养分含量

养分名称	各种饲料名称	含量（%）
多汁饲料	纤维素	1.4~2
	精饲料	2~9
	青干草	23~36
	藁秆草	40~45

（五）无氮浸出物

又称可溶性碳水化合物。包括单糖、双糖及多糖类（淀粉）等物质。是饲料有机物质中的无氮物质除去脂肪和粗纤维外的总称，在饲料植物中，均含有较多的无氮浸出物，一般以禾本科植物的籽实和根茎类饲料含量最多。饲料养分及含量见表1-5。

表1-5　饲料的养分含量

养分名称	各种饲料名称	含量（%）
糟渣类	油饼类	10~30
	无氮浸出物	20~30
	藁秆类	30~50
	多汁类	30~40
	籽实类	60~70

（六）灰分

又称矿物质。饲料燃烧后即得灰分，主要由钾、钠、钙、磷、锰等，通常豆科植物的钙和磷比禾本科植物多，钾和钠比禾本科少。同一种饲料植物灰分的含量会随着植物的生长逐渐减少，但钠和硅的含量则会逐渐增加。饲料植物部位不同，灰分的含量也不同，通常植物茎叶含量较多，其他部位较少。饲料养分及含量见表1-6。

表1-6　饲料的养分含量

养分名称	各种饲料名称	含量（%）
青饲料	精饲料	1 ~ 2
	灰分	2 ~ 3
	粗饲料	5 ~ 6
	矿物质饲料	80 ~ 95

（七）维生素

可分为两大类，即脂溶性维生素和水溶性维生素。脂溶性维生素包括维生素 A、维生素 D、维生素 E、维生素 K 和类胡萝卜素。水溶性维生素包括维生素 B 族和维生素 C。饲料中维生素的含量一般较少，并因饲料种类的不同而有所差异，如苜蓿、胡萝卜等含量较多，油料含量较少，糠麸含量极少。在同一种饲料植物中，不同生长阶段维生素的含量也不同，植物幼嫩时含胡萝卜素很多，到成熟干枯后则很少。饲料养分及含量见表1-7。

表1-7　饲料的养分含量

养分名称	各种饲料中的含量
维生素	苜蓿、胡萝卜等含量较多，各种油料和谷类含量少，藁秆、糠麸等含量甚微。

（八）能量

有机物质中的蛋白质、脂肪及碳水化合物含有化学潜能，经氧气燃烧，产生热能。饲料中所含碳水化合物、脂肪及蛋白质的成分和比例各不相同，因此燃烧后产生的热量也各不相同。饲料养分及含量见表1-8。

表1-8　饲料的养分含量

养分名称	各种饲料中的含量
能量	脂肪所含 C、H 总量为 89%，其中 H 含量为 12%，碳水化合物及蛋白质的 C、H 总含量分别为 50% 和 56%。其中碳水化合物 H 的含量为 6%；蛋白质 H 的含量 6% ~ 7%

二、饲料养分作用

（一）水分

水分有溶解营养物质，促进消化和吸收，输送养分，调节体温，排除废物，减少各器官和关节之间的摩擦等作用。畜禽缺水或长期饮水不足时，就会表现为食欲减退，消化机能减缓。长期缺水时，血液就会变浓变稠，严重时便会影响畜禽的生产力。

（二）蛋白质

蛋白质是生命的物质基础，没有蛋白质就没有生命。蛋白质是构成畜禽乳、肉、蛋、毛、角、皮等物质的原料。日粮中缺少蛋白质，不仅会影响畜禽的正常生长发育和繁殖，而且还会降低畜禽的生产力和畜禽产品品质。此外蛋白质还会产生热能，以补充碳水化合物和脂肪的不足，而碳水化合物和脂肪却不具备代替蛋白质营养功能的作用。

通常动物性饲料所含粗蛋白质较植物性饲料丰富，且蛋白质中氨基酸比较平衡，营养价值完全。在植物性饲料中，豆科籽实及饼类中粗蛋白质含量较禾本科为高。为提高畜禽的生产、生活和繁殖能力，畜禽日粮中必须含有一定比例的蛋白质。

（三）脂肪

脂肪是供给畜禽能量的主要来源之一，其所含能量一般较同数量的碳水化合物高 2.25 倍。脂肪有维持体温、保护内部器官及皮肤，溶解和输送脂溶性维生素（维生素 A、维生素 D、维生素 E、维生素 K）和胡萝卜素，修补损伤组织等作用。并且是畜产品的重要组成成分之一。日粮中脂肪不足，会因不饱和脂肪酸缺乏而有碍幼畜禽的生长，所以饲料中含有少量脂肪是非常必要的。

（四）粗纤维

作用是供给畜禽体内能量，可填充肠胃，使畜禽食后有饱的感觉，还可促进肠胃蠕动，利于粪便排除，是草食家畜和反刍家畜合成脂肪和糖原的原料。粗纤维经体内微生物分解后与淀粉价值相同。饲料中粗纤维含量愈多，消化率愈低。

（五）无氮浸出物

是供给畜禽能量的主要来源，还具有储积脂肪、促进肥育的作用。当畜禽体内无氮浸出物的供给量不足以维持正常生命活动时，就会首先消耗体内的脂肪和糖原，进而还会消耗体内的蛋白质，以满足其对能量的需要。这样就会造成畜禽体重减轻，身体消瘦，生产力下降。

（六）灰分（矿物质）

在畜禽体内含量很少（仅为 3% ~ 4%），主要作用是构成骨骼及牙齿，也是组成血液、体液的主要成分。可参与多种酶的组成，在调节血液和体液的酸碱度、渗透压以及神经、肌肉活动等方面也有重大作用。是保证畜禽正常生长、健康、繁殖和生产不可缺少的营养元素。

（七）维生素

是维持畜禽生命的要素。对促进畜禽体生长发育、繁殖和健康具有重要作用。同时还可保证畜禽体内代谢的正常进行。在畜禽饲料中必须含有足够数量的各种维生素，才能保证畜禽的健康。

第四节　饲料加工工艺概述

一、配合饲料加工工艺概述

（一）配合饲料加工工艺流程

配合饲料加工工艺是指从原料接收到成品（配合粉料或颗粒料）出厂的全部生产过程。一个完整的配合饲料加工工艺框图如图 2-1 所示，包括接收、初清（含筛选、磁选）、粉碎、配料、混合、制粒（含冷却、破碎、分级）、（膨化）、成品称重打包等主要工段，以及通风除尘、油脂添加等辅助工段。

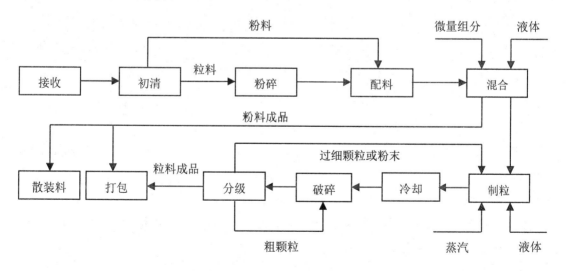

图 2-1　配合饲料加工工艺流程

加工工艺流程是决定饲料厂产品质量和生产效率的重要因素之一，只有先进合理的工艺流程才能生产出优质产品，带来高效率。因此，配置好工艺流程极为重要。选择工艺流程时必须注意以下几点：

第一，工艺流程的选配应充分考虑产品种类、工厂规模以及今后的发展方向等因素。第二，选用先进的机器设备，是提高产量、保证质量、节约能耗的基础。如选用微机控制的电子秤，能保证配料的精确性；选用高质量的制粒机，能提高颗粒饲料产品的质量，降低制粒机的运行费用。

第三，各工段的设备配置要得当，保证工艺流程的连续性。流程中的前后工段应相互配合，前一工段要为后一工段创造有利条件。如原料清理为粉碎机的工作创造条件，配料秤和混合机在时间上要衔接，动作上要连锁。

第四，工艺流程应完整、流畅、简捷，不得出现工段重复或连接不畅的现象。

第五，应充分考虑生产中产生的噪声和粉尘对工作人员及周围环境的影响，采取切实可行的噪声和粉尘防治措施，尽量创造良好的工作环境，保证安全生产。

（二）配合饲料加工工艺中各工段的简介

1. 接收初清工段

这是饲料生产工艺的第一道工段，它包括原料接收到原料进入待粉碎仓或配料仓前的所有操作单元。该工段的作用是通过除杂来保证及时供应适合下一道工段（粉碎或配料）要求的原料。饲料厂通常有两条接收清理生产线：粒料线和粉料线。粒料线接收清理需要粉碎的原料如谷物原料、饼粕原料。粉料线接收清理不需要粉碎的原料如米糠、小麦麸等。每条生产线都有接收装置（如卸料坑、平台等）、输送设备、初清筛、磁选装置（如永磁筒、永磁滚筒等）。

2. 粉碎工段

将待粉碎仓中的原料喂入粉碎机粉碎成粉料，然后通过输送机械按原料品种分配进入各个配料仓备用。粉碎工段是粉状料生产中能耗最大的工段。同时粉碎机产生的噪声是饲料厂的主要噪声源之一。粉碎工艺根据具体情况不同，主要有一次粉碎工艺、二次粉碎工艺等。

3. 配料工段

配料工段的核心设备是配料秤。各配料仓中的原料，由每个配料仓下的喂料器向配料秤供料，并由配料秤对每种原料进行称重。每种原料的配料量是由配料秤的控制系统根据生产配方控制，配料完毕，配料秤斗中物料卸入混合机。物料卸空后，配料秤即可进行下一批物料的称重。配料工段工作质量的好坏直接影响产品的配料精度，因此可以说，配料是整个饲料生产过程保证产品质量的核心。

4. 混合工段

混合工段的作用是将配料秤配好的各种原料组分及人工添加的各种微量组分混合均匀，达到所要求的混合均匀度。混合工段的生产能力是饲料加工流程生产能力的标志，即饲料厂的生产能力是以混合工段的生产能力来衡量的。混合工段的关键设备是混合机，混合机质量好，可以保证在较短的时间内将饲料混合均匀，反过来，一台低劣的混合机可能导致产品质量恶化，最终影响饲料的饲养效果，甚至造成动物中毒死亡。混合的同时，根据需要可以通过油脂添加系统向混合机中的饲料添加油脂以提高饲料的能量。混合机卸出的物料即是粉料成品，它可直接送入成品包装工段打包出厂或进入散装料仓由散装饲料车送给用户。如生产颗粒饲料，混合好的粉料将被送入待制粒仓。

5.制粒工段

制粒工段由预处理、制粒和后处理三部分组成。在这一工段，待制粒仓中的粉料经磁选、调质后被送入制粒机，被压制成颗粒饲料，压制的颗粒再经过冷却、破碎后，用分级设备分离出合格的颗粒饲料成品。制粒工段的预处理是指调质，即对需要制粒的粉料进行水、热处理，以改善粉料的制粒性能，提高制粒机的产量及颗粒成品的质量。后处理是指冷却、破碎、分级和油脂喷涂等。制粒机出来的颗粒温度和湿度都很高，需进入冷却器降温降湿，成为具有一定强度和硬度、水分含量满足贮存要求的颗粒饲料。由于制粒机工作时很难将全部的粉料压制成形，因此冷却后要对物料进行分级，没有成形的粉料回到制粒机重新制粒。生产中，为了降低制粒过程中的能耗，在生产较小的颗粒饲料时，往往采用较大的模孔进行生产，然后再用破碎机将颗粒破碎成需要的规格。经破碎后的颗粒饲料在分级时，过大的颗粒和过小的碎粒都是不合格的，前者应回到破碎机重新破碎，后者则应回到制粒机。合格的成品由输送机械送入成品包装工段。对于一些能量要求高的配合饲料，则可以采用在制粒后喷涂的方式来添加油脂，以提高饲料的能量水平。

6.挤压膨化工段

膨化就是将粉粒状饲料原料送入膨化机，在短时间内，经过一次连续的混合升温、增压、挤出模孔、骤然降压、切断的过程。膨化是一种高温短时加工过程，与制粒相比具有时间短、温度高、压力大等特点。目前，在动物饲料加工过程中，挤压膨化技术被大量地应用于原料处理、宠物饲料及水产饲料。挤压膨化技术已成为饲料工业中最具发展潜力的技术之一。

近年来，我国将挤压膨化技术用于饲料资源开发，并取得了较大的发展，如挤压膨化全脂大豆、棉籽、菜籽饼粕、羽毛粉、血粉等的研究都取得了很好的成果。挤压膨化技术在开发非常规饲料资源和新的饲料品种方面有较大的潜力。

7.成品包装工段

成品出厂一般采取两种形式：袋装或散装。国内由于运输设备、养殖场饲喂设备等不配套，大多采用袋装出厂的方式。成品袋装，是由自动打包设备对成品进行称重、装袋、缝口。袋装规格可通过调整打包秤进行改变。

8.其他辅助工段

饲料厂辅助工段是根据需要配置的，如为改善环境可配置通风除尘系统，为了各工段之间的衔接应配备输送机械等。饲料厂的辅助工段种类较多，其作用也各种各样。

二、预混合饲料加工工艺概述

预混合饲料，是将畜禽需要的各种微量成分如维生素、矿物微量元素、氨基酸、防腐剂、抗菌素等，同一定量的载体、稀释剂，采用一定的技术手段均匀地混合在一起，作为配合饲料的一种原料，以百分之几的比例添加到全价配合饲料中去的一种饲料半成品的统称。预混合饲料的生产同配合饲料相比，原料品种多，成分复杂，用量相差悬殊，因此要求配料准、混合匀、包装严，生产工艺路线简短，设备少而精，污染少。

预混合饲料生产工艺较配合饲料加工工艺流程简单，主要由原料接收、粉碎、配料、混合、包装等工段组成。

1. 接收工段

预混合饲料生产原料的接收应根据产品类型、规格、细度、纯度、有效成分含量、生物利用率和价格因素进行综合考虑。

2. 粉碎工段

粉碎是使载体、稀释剂、各种微量组分等达到所需粒度，以保证预混合饲料的均匀混合。由于有些原料，如维生素、矿物质、药物、载体、稀释剂等基本上是由专业生产厂提供的粒度符合要求的原料，一般不用粉碎。但若采用谷物原料做载体时需粉碎。这种粉碎工段可直接设在原料筒仓下面，粉碎后粉料直接输送入主车间。另外，为防止原料结块而影响正常工艺流程，可在主车间内配置小型粉碎机备用。

3. 配料工段

预混合原料的配料工段，为使配料中的载体、稀释剂、添加剂等达到所需的配方精度，要求用不同精度的配料秤计量。一般 50 kg 以下配料秤的计量误差为 0.005 kg，100 ~ 150 kg 配料秤的计量误差为 0.05 kg。从目前看，完成预混合配料主要有 4 种基本方法：

①人工配料法。此法灵活性大，特别适用量少、浓度高的微量组分纯品配料，其计量误差为 0.25% 左右。为防止意外发生，这种计量也要配备手工按钮或自动配料秤，并采用电器连锁控制。

②微量配料秤配料法。微量配料秤采用电子计算机控制，精度高、误差小，配料量变化幅度大。如最大配料量为 25 kg 的微量配料秤，其允许的最小配料量为 25g。在新建或改建的大型饲料厂中广泛使用。

③自动配料秤配料法。由于此法投资大，主要适用于较大称量的原料配料，操作全部由计算机自动控制。

④分组配料秤配料法。此种工艺是提高配料精度的一种常用方法。将称量大小不同的各微量组分分别用不同精度的秤来计量。如药物用 50 kg 秤称量，维生素用 100 kg 的秤称量，矿物质用 150 kg 的秤等，这样可确保配料准确。

4. 混合工段

混合是预混合饲料加工工艺中最重要的工段，是保证产品质量的关键。从混合这一概念出发，预混合饲料与配合饲料有其共同一面，即都要求混合均匀；不同的一面，前者不单是一般的混合，而是通过载体和稀释剂承载或稀释高浓度的微量组分，以达到更高的均匀度，所以混合时间一般较长，为 10 ～ 20 min。由于混合工段重要，一般提出以下技术要求：微量组分各混合均匀度要求高，通常变异系数 CV<5%，而配合饲料变异系数 CV<10%；为减少污染，预混合饲料在混合机内残留量小于 100 g/t；为减少粉尘保证混合质量，要求添加油脂。此外，还应尽量减少预混合饲料成品的机械输送环节，避免产品分级。

在预混合饲料的混合工段，大多数饲料厂都添加了液体，以提高预混合饲料混合质量，同时还有助于提高饲料能量，改善生产环境等作用。常见的液体添加剂有：油脂（矿物油、动物油、植物油）、糖蜜、抗氧化剂（乙氧喹啉）、氯化胆碱、硒等。

第二章　饲料的营养特点和利用

按照饲料的来源、性质和营养特点可将饲料分为：精饲料、青绿多汁饲料、粗饲料、动物性饲料、矿物质饲料、添加剂饲料等。

第一节　精饲料

精饲料主要是指能够饲喂畜禽的禾本科籽实、豆科籽实及其加工的副产品等饲料。

一、禾本科籽实饲料

禾本科籽实是各种畜禽所需精饲料的主要组成成分，包括玉米、大麦、燕麦、高粱、稻谷和小麦等。

（一）营养特点

禾本科籽实饲料具有淀粉含量很高、粗纤维含量低、能值含量高、容易消化、适口性好等特点。但蛋白质含量低，且品质不佳，尤其以赖氨酸和蛋氨含量较少，不能满足猪、禽的需要。矿物质中钙少磷多，且磷多以磷酸盐的形式存在，不易被畜禽吸收利用。缺少胡萝卜素和维生素 D，但 B 族维生素和维生素 E 极其丰富。

（二）常用的禾本科籽实饲料及其利用

1. 玉米

是禾本科籽实饲料中含能量最高的一种，也是栽培面积大、产量较高的一种饲料。玉米中约含无氮浸出物 70%，几乎全是淀粉，粗纤维含量很低，消化率达 90% 以上。玉米中粗蛋白质含量较低，为 8.9%，且由于缺乏赖氨酸、蛋氨酸和色氨酸，故粗蛋白质品质较差。黄玉米中含有一种隐黄素，对蛋鸡的蛋黄着色和形成黄色的腿趾有益。此外，玉米的钙、磷含量较低，含钙仅 0.02%，含磷约 0.3%，无法满足畜禽需要。玉米的脂肪中含不饱和脂肪酸较多，若用玉米作为育肥猪的主要精料，常会产生软脂胴体，降低肉的品质。玉米是一种高能量饲料。是役畜特别是马的良好精料，但喂时不宜磨得过细（压扁或破碎即可）。喂猪和乳牛时，则应磨细，以利消化。喂鸡时则以破碎成粒为宜。但是，玉米也是。种养分不完全的高能饲料，用玉米饲喂畜禽时，应注意与蛋白质饲料（豆饼、鱼粉）、矿物质饲料,以及青绿饲料搭配使用,以弥补其营养上的不足。

2. 大麦

大麦和玉米相比营养价值较低,其粗纤维含量较多,高于玉米;无氮浸出物和脂肪较少,低于玉米;消化能值也相对较低;钙、磷的含量较玉米多;大麦粗蛋白质含量中等,稍高于玉米;含有较多的赖氨酸,一般为 0.52%。大麦外包硬壳,质地疏松,是马、骡、驴的良好精料。用磨碎大麦育肥猪,可获得脂肪白硬、肉质细密的优质胴体。用破碎大麦喂奶牛,能生产出品质良好的乳和乳脂。用蜡黄的整粒大麦喂哺乳小猪,也可取得较好效果。但是,由于大麦有皮壳,适口性和利用率较差,加之粗纤维高、能值低,所以,不太适宜喂鸡禽,在肉用仔鸡日粮中一般不宜超过 15%,在雏鸡日粮中不得超过 3%。且喂时一定要磨碎,否则会产生"过料"现象,造成饲料浪费。

3. 燕麦

燕麦粗蛋白质含量较高,和玉米相比,蛋白质中赖氨酸含量较高。燕麦的缺点是纤维含量较高。成熟的籽实中含无氮浸出物为 66%,是谷实中最少的,由于燕麦外壳所占比重达 23% ~ 35%。所以燕麦的营养价值在禾谷籽实中最低。因其质地疏松,是马属动物的标准饲料,也是种公畜的良好精料。用燕麦喂肥猪时,用量只可占精料的一部分。而且最好是与米糠、玉米、大麦、马铃薯等混喂,否则易产生软脂胴体。喂马时,青壮年马整料饲喂,老年马和牙齿不好的马,宜压扁或破碎后饲喂,以利咀嚼消化。用燕麦作为主要精料时,则应注意钙和胡萝卜素的补给。

4. 高粱

高粱营养成分和营养价值均与玉米相近,可消化养分比玉米稍低,蛋白质含量较低,品质差,赖氨酸含量比玉米少一半。饲喂非反刍家畜时应注意补充优质的蛋白质饲料。高粱胡萝卜素比较缺乏,若与苜蓿干草搭配,则效果更好。单宁含量高的高粱,适口性差,并影响畜禽的食欲、消化和增重,饲喂过量还会使畜禽发生便秘。据试验,用单宁含量高的高粱饲喂畜禽时,适量的搭配豆饼或尿素等,会明显消除单宁的不良作用。此外,高粱粒小,不易咀嚼,较难消化,所以喂前应加以磨碎,以提高其消化率和利用率。

5. 粟(谷)

属小粒谷实饲料,脱壳后即称为小米。其营养价值与大麦接近,是雏鸡的良好开食饲料。用粟饲喂其他家畜时应磨碎或煮熟后饲用,否则亦形成"过料"现象。

6. 稻谷

其营养价值与燕麦大致相似,粗纤维含量达 9.9%,消化能值比裸露的玉米、小麦低。有较为粗硬的外壳,若脱去外壳,糙米部分粗纤维可降低 9% 左右,属高能饲料。

二、豆科籽实饲料

饲喂畜禽的豆科籽料主要有大豆、豌豆、蚕豆等。

（一）营养特点

豆科籽实饲料粗蛋白质含量较为丰富，可达 20% ~ 40%，无氮浸出物含量较低，仅为 28% ~ 92%。脂肪含量高，故消化能值偏高。维生素和矿物质含量与禾本科籽实类相似，钙少磷多，钙、磷比例失调。豆科籽实蛋白质品质优于禾本科籽实，其主要表现是，植物蛋白质最缺乏的限制性因子之一的蛋氨酸含量较高，但缺乏另一种限制性因子之一的蛋氨酸。并含有抗胰蛋白酶、致甲状腺肿物质、皂素与血凝集素等不良物质。这些物质影响着豆类饲料的适口性、消化性及一些生理过程。这些物质需经热处理（三分钟1100℃）后即失去作用。

（二）常用的豆科籽实饲料及其利用

1. 豌豆、蚕豆

其粗蛋白质含量低于大豆，含量在 20% 以上，碳水化合物中无氮浸出物占到 50% 以上。蚕豆、豌豆、大豆蛋白质中赖氨酸的含量分别为 6.2%、6.6%、6.6%，三者几乎相近。蚕豆、豌豆作为畜禽饲料其适口性极好，而且很容易被畜禽消化，消化率较高，是一种良好的蛋白质补充饲料。

2. 大豆

含有丰富的蛋白质和脂肪，是幼畜，怀孕、泌乳母畜，以及种公畜良好的蛋白质补充饲料。大豆被直接用作饲料的不多。除特殊情况外，一般多以其榨油副产品——豆饼，作为蛋白质补充料饲喂家畜。大豆含有抗胰蛋白酶。为了提高其蛋白质的消化吸收，在饲喂家畜时必须煮熟饲喂，才能取得较为理想的效果。

3. 箭舌豌豆

是一种优良的一年生或越年生豆科牧草，茎叶可作青饲料，种子可作蛋白质精料。其种子每亩产量可达 50 ~ 100 千克。粗蛋白的含量较高，可达 30% 左右。蛋白质中赖氨酸、蛋氨酸、色氨酸的含量分别为 5.85%、1.67%、1.27%。由于箭舌豌豆籽实中含有氢氰配糖体，可导致家畜中毒。因此，在饲喂箭舌豌豆籽实前，一是必须先将箭舌豌豆籽实用温水浸泡 24 小时，再煮熟去毒后才能饲喂。二是要控制饲喂量，应和其他饲料适当搭配混喂。原则上饲喂奶牛不应超过 2.5 千克，饲喂猪、马不应超过 1.5 千克。

三、粮食加工副产品

粮食加工副产品，主要包括麦麸和米糠等。该类饲料是由籽实的种皮、大部分胚和小部分胚乳组成。

（一）营养特点

粮食加工副产品的营养价值随加工方法的不同而不同。其营养特点是无氮浸出物比谷实少，约占 40% ~ 50%，与豌豆、蚕豆接近。粗蛋白质含量相对较高，居豆科籽实与禾本科籽实之间。粗纤维含量高，约占 10% 左右。钙少磷多，比例不平衡，且磷多以磷酸盐形式存在，无法被动物很好利用。维生素 B1、烟酸含量丰富，其他维生素缺乏。质地疏松，适性口好，消化率较高。

（二）常用的粮食加工副产品饲料及其利用

1. 麦麸

又称麸皮，其营养价值常随面粉加工精粗度不同而不同。精粉麸皮中胚与胚乳较多，所以营养价值也较高；粗粉麸皮中多为种皮和糊粉层，所以营养价值也较低。麸皮含粗纤维多，一般为 8% ~ 12%。脂肪含量少，消化能值较米糠低。麸皮粗蛋白质含量较高约 16%，B 族维生素含量丰富。但钙少磷多（为 1∶8）则是其最大缺点。因此，在饲喂畜禽时，必须注意钙的补充。另外，麸皮质地疏松，适口性好，具有轻泻性能，是各种畜禽的良好饲料。但由于麸皮吸水性强，大量干喂易造成便秘。所以，一般在幼年畜禽和高产母鸡日粮中，用量不宜过大。

2. 米糠

又称细米糠或洗米糠，是糙米加工成白米时分离出的种皮、糊粉层与胚等的混合体。细米糠中粗纤维较多，约 13% 左右。粗蛋白含量也较多，约 1400 左右。品质优于玉米，且富含维生素 B，和烟酸。细米糠的特点是脂肪含量高，约 18% 左右。但由于多系不饱和脂肪酸，易于氧化酸败，不利贮藏，喂量过多不仅会引起腹泻，而且还会降低肉的品质。钙磷的含量同样是磷多钙少，钙磷比例失调情况比麸皮更严重，其比例为 1∶22。这些缺点在使用和贮藏时应特别注意。

四、榨油工业副产品

榨油工业副产品主要是指各种油饼，如豆饼、菜籽饼、亚麻仁饼、棉籽饼、芝麻饼、向日葵饼等。该类饲料是畜禽主要的蛋白质补充饲料，利用得当，调配合理则可节约籽实饲料，提高经济效益。利用不当，其中有些饲料则有导致畜禽中毒的危险。因此，一定要掌握其特性，谨慎使用。

（一）营养特点

粗蛋白质含量高达 35% ~ 45%，蛋白质中氨基酸比较平衡，特别是禾本科籽料缺乏的赖氨酸、蛋氨酸和色氨酸，此类饲料均较丰富，故蛋白质利用率较高。无氮浸出物约占下物总量的三分之一，粗脂肪含量常随加工工艺、加工方法不同差异较大。粗纤维含量通常与加工时有壳无壳有含氮关系，无壳则消化率与营养价值较高，钙少磷多，反之则相反。胡萝卜素含量不高，但维生素 B 族丰富。

（二）常用的榨油工业副产品饲料及其利用

1. 大豆饼

各种油饼类饲料中，以大豆饼的蛋白质含量最高，达 45% 左右。在豆饼蛋白质中，赖氨氨酸和色氨酸含量较多，这就部分弥补了谷实饲料中普遍缺少这两种必需氨基酸的缺陷。但不足的是豆饼饲料蛋白质中蛋氨酸含量较低，钙、胡萝卜素、维生素 D 含量低下。为此，利用豆饼喂畜禽时，必须注意和苜蓿草粉、棉籽饼或鱼粉搭配。豆饼是乳畜、仔猪、种猪及家禽优质补充料，唯有在肥育期不宜多用。否则，可使脂肪变软，影响肉的品质。喂猪用量一般可占日粮总量的 10% ~ 25%，过多反而会造成蛋白质的浪费，引起消化不良等症。使用浸出法生产豆饼时，应加热处理，以破坏抗胰蛋白酶，提高豆饼蛋白质的消化率和利用率。此外，豆饼一般含脂肪较多，应贮存于干燥、通风、避光的地方，以防脂肪酸败，降低了适口性和饲用价值。

2. 菜籽饼

是油菜籽经榨油后所得的副产品。菜籽饼富含蛋白质、矿物质和多种维生素，是一种较好的蛋白质精料。菜籽饼蛋白质含量一般在 35% 左右，蛋白质中氨基酸比较完全。与豆饼相比，菜籽饼的蛋氨酸含量略高，赖氨酸含量稍低。胆碱、叶酸、烟酸和维生素 B 含量较豆饼高。尤其值得提出的是，菜籽饼的含磷量比豆饼多 1 倍。含硒量多 7 倍，对普遍缺磷、缺硒的地区，应大力提倡使用。但菜籽饼含芥子疳，该疳本身无毒，只有被芥子酶水解后产生的芥子油（主要产物为异硫氰酸盐和噁唑硫铜），才会使家畜中毒。其毒害作用，单胃家畜比反刍家畜大，尤其以猪鸡更甚。

3. 亚麻仁饼（胡麻饼）

多产于我国西北，是亚麻籽实榨油后的副产品。亚麻仁饼易消化、适口性好，一般家畜均喜食。亚麻仁饼含果胶类物质，遇水膨胀形成黏性物质，对胃、肠壁有保护作用，可防损伤和便秘。因此，喂亚麻仁饼的家畜一般皮毛光滑。但亚麻仁饼经亚麻酶的作用后可产生氢氰酸，引起家畜中毒。为此，利用该饼时应首先去毒，一是可用凉水浸泡，使亚麻酶停止活动。二是可高温蒸煮 1 ~ 2 小时，以破坏亚麻酶。

4. 棉饼

是棉籽榨油后的副产品。包括棉籽饼、棉仁饼，榨油时不去壳的为棉籽饼，去壳的为棉仁饼。从营养价值看棉仁饼优于棉籽饼。棉籽饼一般含粗蛋白质为 30% 左右，棉仁饼为 40% 左右。并含有丰富的淀粉、糖、脂肪、维生素和钙、磷等营养物质。但突出的缺点是赖氨酸含量低，仅为豆饼的 60%。为此，用棉饼作畜禽唯一蛋白质饲料时，应注意补加赖氨酸。另外，棉饼中含有棉酚，通常在棉饼中常以两种形式存在：一种是结合棉酚，无毒；另一种是游离棉酚，有毒。棉饼中棉酚含量平均在 0.11% 左右，但常因加工工艺不同差异较大。一般是机榨法低一些，而浸提法和土榨方法较高。试验证明：在猪、鸡风干日粮中棉酚含量不超过 0.01% 是安全的，超过 0.02% 则出现严重中毒，引起死亡；牛一般在 0.02% 以下时，不出现中毒症状。由于棉酚中毒是一种慢性中毒，食入后不易排出，因而症状往往出现较晚。为此，控制棉饼日喂量十分重要。一般成年牛的日喂量应控制在 1千克以内，种猪应在 0.5 千克以内。同时，喂两个月左右后应停喂一段时间。对妊娠、泌乳母畜及病畜、幼畜不宜使用。此外，棉酚中毒与日粮全价性有关，当日粮中缺少蛋白质、矿物质和维生素时，更易发生中毒。

5. 花生饼

是花生榨油后的副产品，分去壳与不去壳两种，一般以去壳者为好。花生饼粗蛋白质含量一般在 38% 左右，粗脂肪含量约为 8%。花生饼蛋白质中必需氨基酸虽不及豆饼，但胜过其他植物蛋白质饲料。花生饼富含烟酸，但胡萝卜素和维生素 D 缺乏。为此，利用花生饼饲喂畜禽时，必须注意赖氨酸、蛋氨酸的添加，或者可与富含赖氨酸的其他饲料搭配使用，并要注意钙、磷、胡萝卜素及维生素 D 的补充。花生饼具香甜味，适口性好，过量易产生腹泻和形成软脂。一般花生饼在精料中的比例不能超过 15%。另外，花生饼脂肪含量高，贮存不好易酸败变质。因此，不宜久贮。一般要求是：夏季最好不超过 1 个月，冬季不超过 2 ～ 3 个月，并要贮存于通风干燥处。值得特别注意的是，花生饼易引起黄曲霉滋生，产生黄曲霉毒素（发霉豆饼、玉米、小麦、大麦、稻谷等也含有这种毒素），该毒素有致癌性质，并对肝脏有严重的毒害作用。黄曲霉毒素幼畜较敏感，成年家畜耐受性较强，但此毒素可通过乳、肉、蛋等产品，影响人的健康。为此，凡发霉严重的饲料切不可做饲料喂用。发霉不严重的饲料，可经多次水泡淋洗，至洗水纯净时方可喂用。并应限量和间断饲喂，才较为安全。

6. 葵花子饼

营养价值和豆饼相近。与豆饼相比，赖氨酸含量低，蛋氨酸含量高。但粗纤维含量较高，约为 20%，往往会影响其营养效用。葵花子饼价格便宜，有利于降低成本。在产蛋鸡日粮中，用葵花子饼代替 25% ～ 50% 的豆饼，产蛋率变化不大。用葵花子饼代替 25% 大豆饼喂仔猪，与全豆饼型日粮增重相同。但用葵花子饼代替 50% 以上豆饼或全部代替大豆饼时，则增重效果显著下降。试验表明：在上述两种日粮中，若各增加 0.3% 赖氨酸，则平均日增重均可提高 1 倍以上。

五、淀粉加工副产品

主要包括豆类粉渣、豆腐渣、马铃薯渣、甘薯渣、玉米渣等，是喂猪的好饲料。

（一）营养特点

淀粉加工副产品饲料营养价值和种类常因加工原料和加工方法不同而不同。其营养特点是水分含量大，约 85% ~ 90%。不易贮藏。粗蛋白质含量常随加工原料和方法不同变动幅度较大。如籽实类淀粉渣含粗蛋白质在 14% ~ 20%。豆腐渣含粗蛋白质约占干物质的 28%。而薯类粉渣的粗蛋白质则极低，维生素含量较一般原料为高，钙少磷多。随着我国饲料工业的发展，该类饲料及废液定会发挥其巨大的潜力。

（二）常用淀粉加工副产品饲料及其利用

豆腐渣干物质中粗蛋白质含量高，一般可达 28%，粗脂肪达 8.8%，无氮浸出物约占 3400 左右，唯有粗纤维含量较高，为 21.9%。由于豆腐渣含水量高，所以宜鲜喂、不宜久藏，否则易酸败变质。但用鲜渣饲喂畜禽时，必须煮熟或经过焙炒后喂用，以提高其消化率。

六、酿造工业副产品

酿造工业副产品主要包括酒糟、醋糟、啤酒糟和酱油渣等。

（一）营养特点

酿造工业副产品无氮浸出物含量低，粗蛋白质含量比原料中稍高，但品质较差。粗纤维含量高（特别是酒糟），维生素 B 族丰富，啤酒糟中含促生长物质，对乳牛有催乳作用。

（二）常用酿造工业副产品饲料及其利用

1. 酒糟

宜鲜喂，堆置过久易发酵、发霉、腐败。量大时可干燥或与秸秕混合青贮。用酒糟喂母猪，喂量不宜过多，过多易引起流产和死胎等。喂用时以搭配青饲料和含钙多的饲料为好。

2. 醋糟

一般多用于饲喂牛、猪，与糠麸或粉渣混合饲喂效果较好。醋糟含酸性较大，多食会对消化有一定影响，饲喂用量应针对不同的畜禽酌量补加。在醋糟中加入一定量白垩，既可中和酸度，又会补加钙。

3. 酱油渣

含盐量多在 8% 左右，低的在 5% 左右，高的达 12% 以上。由于其含盐量较高，一定要谨防食盐中毒。防止食盐中毒的方法主要有两种：一是水洗，即把酱油渣在清水中浸泡一昼夜，然后再换 3 ~ 4 次水，弃去滤液，与其他饲料搭配即可饲用；二是控制喂量，即对含盐分低的酱油渣，如不水洗可控制喂量。

七、制糖工业副产品

制糖工业副产品有糖渣、糖浆等。糖渣分甘蔗糖渣和糖甜菜渣。

（一）营养特点

甘蔗糖渣主要是纤维素，营养价值不高，多用于饲喂反刍家畜。糖甜菜渣是甜菜块根经浸泡、压榨提取糖液后的残渣。渣中粗纤维含量高，粗纤维的消化率也较高，为80%左右。甜菜渣中含钙丰富，且钙多磷少。

（二）常用制糖工业副产品及利用

1. 甜菜渣

多用于肥育肉牛。甜菜渣中含有大量游离有机酸，饲喂乳牛时喂量过大，容易引起家畜下痢，并对所生产的奶油、干酪等的品质有不良影响，喂量要适量。甜菜渣最好用青贮法青贮，也可干制，干制的甜菜渣吸水性很强，饲喂家畜时一定要先用 2～3 倍的水浸泡后饲喂，干饲会引起家畜消化道中大量吸水而膨胀。

2. 糖浆

是从糖汁液内析出结晶糖后的剩余物，是一种褐色带黏性的物质。有蔗糖浆、甜菜糖浆、柑橘糖浆和木糖浆等。糖浆中粗蛋白质含量很低，仅3%左右。无氮浸出物丰富。灰分主要是钾盐和钠盐，约占 8%～10%。有机酸含量较多，能刺激肠黏膜，喂量过多易引起下泻。糖浆饲喂家畜时，应先加水，然后拌入粗料中饲喂效果较好。

第二节 青绿、多汁、青贮饲料

青绿多汁饲料来源广，营养价值高，多汁柔软，适口性强，消化率高含水可达70%～95%，单位重量的养分含量相对较少。可分为青绿饲料、多汁饲料、青贮饲料三种。

一、青绿饲料

凡富含叶绿素的植物性饲料叫青绿饲料。青绿饲料包括天然牧草、人工栽培牧草、农作物茎叶和藤蔓、水生饲料、枝叶饲料等。

（一）营养特点

1. 养分比较完全

按干物质计算，粗蛋白质含量较高，一般达 12%～25%，高的可达30%，且含有各种必需氨基酸，蛋白质的生物学价值也较高，可弥补谷实类饲料蛋白质品质的不足。青饲料叶片中粗蛋白含量很高,可达50%～60%,必需氨基酸含量丰富,且含有较多的胡萝卜素、叶黄素和未知生长因子。因此,用叶蛋白作蛋白质补充料,其效果仅次于鱼粉而优于豆饼。加之青饲料所含蛋白质属"功能性蛋白质",较之籽实饲料中所含的"贮藏蛋白质"营养价值更高。

2. 富含多种维生素,是胡萝卜素的重要来源

另外还含有丰富的核黄素,烟酸等B族维生素和维生素C、维生素E、维生素K等。

3. 矿物质含量较丰富

尤其是豆科植物中钙、磷含量较高,比例较适宜,一般可满足家畜对矿物质的需要。

4. 碳水化合物中无氮浸出物含量高

按干物质计算,青饲料中无氮浸出物含量可达40%甚至50%以上,粗纤维不超过30%,消化率较高。

(二)常用的青绿饲料及其利用

1. 天然牧草

天然牧草按植物分类,主要有禾本科、豆科、莎草科、菊科四大类。这四类牧草干物质中,无氮浸出物含量一般均在40%～50%之间,粗蛋白质含量稍有差异,一般禾本科与菊科牧草多在10%～19%之间,豆科草蛋白质含量最高,莎草科次之,菊科、禾本科最低。至于粗纤维含量,禾本科草较高,约30%左右,其他三类牧草约20%～27%左右(营养成分见表2-1)。钙磷含量均系钙多磷少。在这四类牧草中,以豆科草的营养价值最高,禾本科草虽然粗纤维含量较高,对营养价值有一定影响,但由于适口性好,蛋白质中赖氨酸和精氨酸含量较高,以及耐牧等,所以仍不失为一种优良的牧草:再次为莎草科:菊科草因具特异气味,除绵羊外,一般家畜不喜采食。在我国不同地区,天然牧草的营养成分也呈规律性的变化。一般天然牧草无氮浸出物含量高的地区,最适宜饲养乳牛和肉牛;蛋白质高的地区,适合饲养山羊、绵羊;灰分含量高的地区,适合饲养骆驼。

表2-1 不同科草类营养成分比较(占干物质90%)

科别	粗蛋白	粗脂肪	粗纤维素	无氮浸出	矿物质
禾本科	10.4	2.9	31.2	47.8	7.7
豆科	18.4	3.1	27.8	41.9	8.8
莎草科	14.1	3.0	25.5	49.6	7.8
菊科	11.2	4.3	29.3	45.5	9.7

2. 人工栽培牧草

人工栽培牧草主要是指能够青饲的豆料与禾本科牧草。如苜蓿、草木樨、毛苕子、紫云英、沙打旺、聚合草、苏丹草等。

(1)紫花苜蓿。紫花苜蓿系多年生豆科植物,也是栽培最广的多年生牧草,产量高、质量好、适应性广、饲用价值大、可利用时间长，一般栽培年限为 5 ~ 8 年，产草量最高在第 2 ~ 3 年、4 ~ 5 年后产量逐渐下降，有"牧草之王"的美誉。

紫花苜蓿营养价值高，适口性良好，特别是在幼嫩阶段，苜蓿干物质中粗蛋白质含量可高达 26% 以上，消化率达 78% 左右。从蛋白质品质看，其品质较优（营养成分见表 2-2）。如色氨酸和蛋氨酸比禾本科籽实多 1 ~ 2 倍，赖氨酸的含量是玉米的 5.5 倍。此外，紫花苜蓿富含维生素、钙和微量元素，属生理碱性饲料，故在以禾谷类为主的生理酸性日粮中，适当搭配紫花苜蓿，不仅可较好地平衡营养，而且可提高饲料的利用率。

表 2-2 紫花苜蓿营养成分（%）

类别	水分	粗蛋白	粗脂肪	粗纤维	无氮浸出物	粗灰分
青草	74.7	4.5	1.0	7.0	10.4	2.4
干草	8.6	14.9	2.3	28.3	27.3	8.6
青贮	46.6	10.0	2.5	14.2	22.0	5.3

紫花苜蓿的缺点：一是木质化较禾本科草来得早而快，特别是在现蕾前后格外明显，蛋白质、适口性和消化率明显下降。用幼嫩紫花苜蓿喂猪，纤维素的消化率可高达 78% ~ 90%，与绵羊相近，但已木质化的紫花苜蓿喂猪，纤维素的消化率只有 11% ~ 23%，绵羊达 32% ~ 58%；二是紫花苜蓿含有大量可溶性的蛋白质和植物皂素，皂素可抑制酶，并与瘤胃产生大量泡沫物质无法排出有关，饲喂过量，常导致反刍家畜患膨胀病。这一病症尤其在早春更易发生，所以早春放牧或用刈割紫花苜蓿青饲必须特别注意。预防膨胀病发生的方法是：在苜蓿地放牧前，应先让家畜采食一定量的干草；露水未干前不宜放牧；刈割的苜蓿草应和干草混喂；用量应逐渐增加。

紫花苜蓿可刈草、青饲、青贮，又可放牧，也可调制青干草和干草粉。但常以刈草为主。紫花苜蓿最适宜的刈割时间是初花期，即 20% 开花时期，此时质量最好，产量高。盛花期至结荚期刈割产量虽高一些但营养价值已明显下降，也不利用再生。用青绿紫花苜蓿喂猪，打浆后有机物质消化率可提高 12.5% ~ 12.8%；喂禽时应切碎或打浆；喂马宜切短；喂牛羊可整株。各类畜禽每头每天喂量大致是：奶牛 28 ~ 40 千克；青年牛 8 ~ 10 千克；成年猪 10 ~ 12 千克；体重 60 千克绵羊喂量应不超过 7 千克；马、役牛 50 ~ 60 千克。

（2）草木樨。草木樨属两年生豆科牧草，耐旱耐碱，是良好的饲料、绿肥和蜜源植物，也是防风固沙、水土保持的良好植物。与紫花苜蓿相比，草木樨粗纤维与粗蛋白质均较紫花苜蓿低，其营养价值受刈割时期影响较大。现蕾阶段全株的蛋白质、脂肪和灰分含量较高，粗纤维较少。草木樨含有香豆素，具特殊气味，适口性比紫花苜蓿差。由于香豆素花中含量最多，中午前含量最高。因此，饲用最佳时期为现蕾期，而且应在午后刈割。

草木樨可青饲、青贮，也可放牧或制成干草。青饲时，每头每天喂量：奶牛 50 千克左右；役马 40 ~ 45 千克；役马 20 ~ 25 千克；羊 7.5 ~ 10 千克。喂量应逐渐增加，并掺和干草以防膨气或腹泻。猪宜打浆饲喂，每头每天 3 ~ 4.5 千克。

草木樨易霉烂，用其调制干草或青贮时应特别注意。否则香豆素受霉菌作用可产生双香豆素或出血素，取代维生素 K，有碍于凝血素的形成，引起家畜出血不止，故家畜在手术前后一个月应停止饲喂草木樨。

（3）沙打旺。又称直立黄芪。属豆科黄芪属多年生草本植物。是优良的豆科饲用牧草，寿命在 10 以上，利用年限较长，以 2 ~ 5 年产量最好。沙打旺茎叶繁茂，生长迅速，营养丰富，粗蛋白质含量与紫花苜蓿相近（营养成分见表 2-3）。幼嫩时各种家畜喜食，鲜嫩的沙打旺，可切碎或打浆。无论青饲、调制成干草、干草粉或青贮，各种家畜均爱喜食，尤以骆驼更甚。沙打旺花后迅速粗老，枯老的沙打旺茎秆粗硬，适口性极差，刈割最迟不晚于现蕾期。青绿沙打旺有苦味，含一种有机硝基化合物，对雏鸡有不良影响，故在雏鸡日粮中不宜应用。

表 2-3 沙打旺营养成分（%）

类别	水分	粗蛋白	粗脂肪	粗纤维	无氮浸出物	粗灰分
青草	66.7	4.85	1.89	9.00	15.20	2.35
干草	9.87	20.23	3.87	27.81	28.73	9.23

（4）红豆草。又名箭叶红豆草，是一种高产优质的多年生豆科牧草。红豆草营养价值很高，干草粗蛋白含量为 16.8%，脂肪为 4.9%，粗纤维素为 20.9%，无氮浸出物为 49.6%，灰分为 7.8%。草粉营养价值似精料，每千克草粉含精料 0.75 个饲料单位，含 160 ~ 180 克可消化蛋白和 180 毫克胡萝卜素。红豆草茎叶柔嫩，叶量丰富，各类家畜都喜食，适时刈割时间为盛花期。

（5）箭舌豌豆。为一年生草本植物。其营养价值大致与苜蓿、三叶草相近，适口性好，各类家畜均喜食。当箭舌豌豆 70% 豆荚变黄时即可收获。由于多数品种易爆荚，最好在早晨露水未干前随收随运。用于调制青干草的，在结荚期收割产量最高。用于青饲的，则以盛花期刈割较好。青刈箭舌豌豆，每头每天大致喂量是：母猪 10 ~ 12.5 千克，占日粮 50%，能上能下；马 20 ~ 25 千克；乳牛 40 ~ 50 千克；绵羊 5 ~ 10 千克。

（6）紫云英。蛋白质含量高、富含矿物质和维生素。但营养成分含量常随生长时期不同而有较大变化。以盛花期刈割合算。紫云英是猪的好饲料，作青饲可在开花初期刈割。但饲喂时应搭配秸秆、秕壳粉，以免拉稀。盛花期收割的紫云英，可制成青贮或干草粉，以备青饲料不足之需。

（7）聚合草（紫草）。聚合草属多年生草本植物，是一种高产优质的饲料。其养分全面，消化性好，粗蛋白质含量与苜蓿相近，而粗纤维含量仅为苜蓿的三分之一，且含有多种维生素。唯有灰分含量过高。但权衡之下，聚合草仍不失为听中优质高产的蛋白质饲料。聚合草可青饲、青贮或制成干草。青饲时，猪、禽宜切碎或打浆拌料，每头母猪可日喂 5 ~ 10 千克。喂蛋鸡时可按 1 ：1 比例与配合料掺和。喂牛时其喂量可占到日粮的 50% 以上。用聚合草青贮，宜在现蕾始花期刈割，即可单贮也可混贮。尤其是与青玉米等混合青贮可获得质量较优青贮饲料。

（8）无芒雀麦。是一种优良的禾本科牧草。其产草量高，品质（营养成分见表2-4）及适口性好。是牛、马、羊等各种牲畜均喜食的良好饲料。无芒雀麦一般寿命为25～50年。但以生活的2～4年生产力最佳，6～8年以后逐渐下降。适宜的刈草时期为开花期，刈草过迟会影响质量和牧草的再生。2～3年后草皮形成，耐牧性增强，适宜的第一次放牧时期在孕穗期，以后各次以草层高12～15厘米时利用为宜。

表2-4　无芒雀麦的营养成分（%）

生育期	干物质	粗蛋白质	粗脂肪	粗纤维	无氮浸出物	粗灰分
营养生长期	25.0	20.4	4.0	23.2	42.8	9.6
抽穗期	30.0	16.0	6.3	30.0	44.7	7.0
种子成熟	53.0	5.3	2.3	30.4	49.2	6.8

（9）老芒麦。又名陲穗大麦草、西伯利亚碱草等。是披碱草属牧草中饲用价值最高的一种。老芒麦叶量较多，营养物质较丰富（营养成分见表2-5）。加工调制成的干草为上等饲草，老芒麦适宜刈草利用。一般每年刈草一次，在抽穗至始花期进行。再生草可放牧利用。

表2-5　老芒麦营养成分（占干物质的%）

生育期	水分	粗蛋白质	粗脂肪	粗纤维	无氮浸出物	粗灰分
孕穗期	6.25	11.19	2.76	25.81	45.86	7.86
抽穗期	9.07	13.90	2.12	26.95	34.56	9.12
开花期	8.44	10.63	1.86	28.47	43.61	6.99
成熟期	6.06	9.60	1.68	31.84	44.22	6.60

（10）披碱草。披碱草又叫野麦子、直穗大麦草。产量高，适口性强。披碱草叶量少，只占草群重量的30%左右，饲用价值中等（营养成分见表2-6），花期后迅速粗老，质地变硬，利用率下降。披碱草为短期多年生牧草，利用年限，般4～5年，第2～3年产量最高，第4年以后逐渐衰退，需及时更新，利用同老芒麦。

表2-6　披碱草营养成分（占干物质的%）

类别	干物质	粗蛋白质	粗脂肪	粗纤维	无氮浸出物	粗灰分
青草	30.04	2.91	1.09	15.52	13.21	2.31
干草	89.61	7.45	2.78	39.68	33.79	5.91

（11）苏丹草。又名野高粱。苏丹草能够适应干旱、半干旱地区的自然条件，生长迅速，产量高，再生性强。是一种营养价值高（营养成分见表2-7）、适口性好的一年生优良禾本科牧草。即可青饲、放牧，又可青贮或调制成干草，各种家畜均喜食。苏丹草干草的品

质和营养价值，在很大程度上取决于刈草的时期。调制干草以抽穗期刈割学质最好。刈割的青草要迅速干燥，以免营养损失太大；青饲应在孕穗初期刈割；青贮应乳熟期刈割；放牧应在草丛高达 30 ～ 40 厘米时开始为宜。但对幼嫩的苏丹草苗饲用时要谨防氰氢酸中毒。

表 2-7 苏三草的营养成分（占干物质的 %）

生育期	粗蛋白质	粗脂肪	粗纤维	无氮浸出物	粗灰分
抽穗期	15.30	2.80	25.90	47.20	8.80
开花期	8.10	1.70	35.90	44.00	10.30
结实期	6.00	1.60	33.70	51.0	7.50

（12）大麦草。大麦草是大麦属牧草，又称野大麦、野黑麦、菜麦草等。大麦草茎叶柔嫩，草质好（营养成分见表 2—8），各种家畜均喜食，而且耐践踏，是良好的放牧型牧草。亦可调制干草，刈草利用以抽穗期为宜，留茬高 7 ～ 9 厘米，这样有利于牧草的再生和越冬。

表 2-8 大麦草营养成分（占干物质的 %）

生育期	粗蛋白质	粗脂肪	粗纤维	无氮浸出物	粗灰分
抽穗期	22.98	2.86	28.62	34.53	11.01
开花期	13.43	1.88	36.16	37.86	10.67
成熟期	7.35	1.67	33.75	43.21	9.00

3. 青饲作物

青饲作物主指供青饲的大田作物，如玉米、大麦、高粱等。但对幼嫩的玉米和高粱苗饲用时要谨防氰氢酸中毒。

（1）玉米。青饲玉米营养丰富，是各种家畜的优质饲料。玉米秸秆有机质消化率为 57.99%，青贮玉米为 52.36%。玉米茎叶多汁，粗纤维少，适口性好，是各种家畜特别是乳牛重要的青饲料和青贮料

（2）大麦。青饲大麦开花前茎叶繁茂、营养丰富，柔嫩多汁，适口性好，各种家畜均喜食，青贮后饲喂奶牛效果良好。冬大麦在冬前或早春拔节前生长旺盛时可以轻牧。大麦芽含有丰富的胡萝卜素和维生素 E，用以喂猪可使其脂肪硬度大，瘦肉多，肉质细嫩紧密：喂奶牛可优化乳的品质，还可提高家畜繁殖能力。

（3）高粱。青饲高粱特别是甜高粱茎叶是牛、马、羊、猪的好饲料。可以鲜喂、青贮或制干草。甜高粱青贮后的茎叶柔软，适口性好，消化率高饲用价值与玉米接近。

4. 蔬菜类饲料

主要是指叶菜类、根茎、瓜类的茎叶。如甘蓝、白菜、油菜、红薯蔓、胡萝卜茎叶、南瓜叶等。该类饲料的营养特点是，在收获适时的条件下，一般质地柔嫩，适口性好，是猪、牛等各种畜禽的优良饲料。但由于水分含量较高，一般在 80% ～ 90% 之间，所以鲜样中的能值一般很低，每千克消化能仅在 300 千卡以下。但如按干物质计算却接近能

量饲料干物质的营养价值。此外，钙含量多在 0.7% 以上，某些品种甚至高达 2.3%，大大胜过精料，这也是该类饲料的一大特点。另外，蔬菜类饲料的叶中含硝酸盐较多，硝酸盐在反刍动物瘤胃中可被还原成为亚硝酸盐，数量多时常导致家畜发生亚硝酸盐中毒，利用时应特别注意。

5. 枝叶饲料

是指可供家畜食用的树叶及部分农作物的绿叶。以及农作物中的黄麻叶和棉叶等。适时采集的枝叶饲料，营养价值较高，特别表现在蛋白质、钙和能量含量方面。但该类饲料的营养价值常随季节不同而变化。一般是春季叶中蛋白质含量较高，夏秋逐渐降低，而粗脂肪和粗纤维含量却相对增加。此外树叶中的单宁含量，也常随季节的拖延剧增，所以秋季树叶多有涩味。一般单宁含量不超过 2%，饲喂家畜无不良反应。但应注意的是，春季树叶单宁含量虽低，若家畜采食过多，仍会大量发病。

二、多汁饲料

多汁饲料即为块根、块茎、瓜类饲料，包括胡萝卜、甘薯、木薯、饲用甜菜、马铃薯、菊芋、南瓜及番瓜等。

（一）营养特点

（1）水分含量高，一般可达 75% ~ 90%。松脆多汁，适口性好，有机物消化率高达 85% ~ 90% 以上。

（2）粗纤维含量低，一般为 3% ~ 10%。干物质中主要是无氮浸出物，能值较高。

（3）粗蛋白质和钙、磷含量较低。蛋白质中约半数为非蛋白质含氮物质，蛋白质生物学价值很高。

（4）胡萝卜素含量差异较大。除胡萝卜、黄心甘薯、南瓜含量较高外，其他均较缺乏。维生素 C 含量丰富，维生素 B 族含量较少。

（二）常用的根茎、瓜类饲料及其利用

1. 胡萝卜

属能量饲料，含有一定量的果糖、蔗糖并具有多汁性，在以粗饲料为主的大家畜日粮中，配合。定量的胡萝卜时能较大地提高其营养价值，改善日粮口味。还具有刺激消化道机能，增加采食量的功能，对乳用家畜可提高产乳量和乳品质，对幼畜有良好的促进生长的作用，对种畜可保持正常繁殖率。但胡萝卜在大量贮藏时，易消耗养分，特别在春季，呼吸旺盛，常发牙腐烂。但如收获时连叶切碎调制成青贮，则可减少损失，便于常年利用。

2. 马铃薯

富含碳水化合物，蛋白质的含量为 1.6% ~ 2.1%，高蛋白品种中可达到 2.7%，质量与动物蛋白相近。脂肪含量较低，一般为 0.1% 左右。粗纤维的含量比莜麦、玉米面粉低，

一般为 0.6%～0.8%。并含有多种维生素，其中以维生素 C 的含量最丰富。用作饲喂畜禽时是一种良好的上等饲料。马铃薯对草食家畜生熟喂效果相近，但猪以熟饲为宜，与其他饲料混合喂猪效果最好。从总的营养价值看，喂猪比喂反刍家畜好，特别适于喂用育肥猪。马铃薯含有一种叫龙葵精的有毒物质，家畜采食后可引起中毒，尤以马为敏感。龙葵精在发芽的块茎及未成熟发青的块茎芽根中含量最高，喂前应挖去。用马铃薯喂鸡时，必须注意补加动物性蛋白质饲料和骨粉、食盐，以弥补马铃薯蛋白质、钙、磷及食盐不足的问题。

3. 南瓜

胡萝卜素、维生素 C 含量较高，特别是核黄素含量丰富，可达 13.1 ppm，在饲料中比较难得，是畜禽良好的多汁饲料。南瓜具有提高畜禽食欲和奶牛产乳量的作用。此外，用生南瓜喂猪时，带籽切成小块饲喂还具有防治蠕虫的作用。喂鸡时，可切开放在地上任鸡自由啄食，也可擦成丝混入配合料中喂用。鸡日粮中搭配南瓜，可显著地加速换羽过程，缩短换羽时间，较快地恢复换羽期内所减轻的体重，保证较高的产卵性能。

三、青贮饲料

是指青绿多汁饲料（包括新鲜牧草、野草野菜、收获籽实后的青绿玉米秸秆和各种藤蔓等）收割后，经适当凋萎，并经切碎、装填、贮藏于青贮窖、壕、塔、袋内，使其在厌氧环境下，通过乳酸发酵或化学处理，而调制成的一种饲料。青贮是一种简单可靠而又能长期保存青饲料的营养物质和多汁性的方法。

（一）营养特点

青贮饲料的营养价值因青贮原料的不同而不同。一般含水量较高，约为 70%，青贮饲料发酵过程中部分蛋白质被分解为酰胺和氨基酸，它们的粗蛋白主要由非蛋白质所组成。无氮浸出物中，糖分极少，大部分无氮浸出物分解为乳酸和醋酸，且很多。粗纤维质地变软，使适口性变好，消化率明显提高。由于青饲料的胡萝卜素的含量较高，在青贮过程开始阶段会有，些损失，但最终可以保持大部分，因此，胡萝卜素的含量较高。

（二）青贮饲料的优越性

（1）青贮饲料与青干草比较，可保存较多的养分。据研究表明，青干草在晒制过程中其营养成分损失可达 20%～40%（见表 2-9），而青贮饲料，由于在调制过程中不受日晒雨淋的影响，其营养物质损失仅 10% 左右，其中尤以粗蛋白质和胡萝卜素的保存率较高。

表 2-9 甘薯蔓调制成千草和青贮料营养成分比较

调制方法	干物质	粗蛋白质	粗脂肪	粗纤维	无氮浸出物	粗灰分
干草	80.6	14.1	3.2	19.6	35.5	8.1
青贮	100	18.8	4.2	25.5	48.7	10.8

（2）青贮饲料可延长青饲季节，利于营养物质的均衡供应，保证畜牧业的稳定高产这一特点，特别在青饲季节不足半年的我国西北、东北、内蒙古、华北等地区，更具有其实际意义。因为这些地区整个冬、春季节均缺乏青绿饲料，而采用青贮饲料，则可弥补青绿饲料在利用时间上的缺陷。

（3）调制方法简单，耐久藏。青贮饲料调制方便，一次贮备，长期利用，调制过程中不受任何天气的限制。据试验，良好的青贮饲料只要不漏气可保藏20 ~ 30年，质地不变。另外，青贮饲料还具有随用随取，取用方便，以及占用空间少等特点。

（4）适口性好，消化率高。青贮原料在青贮发酵过程中，由于部分蛋白质被分解成酰胺和氨基酸，大部分无氮浸出物分解为乳酸，加之纤维质变软，并散发出一股浓郁的醇香味，可刺激家畜消化腺的分泌，从而提高了适口性和饲料营养物质的消化率。

（5）扩大了饲料资源的利用，特别是对一些特具怪味的可饲植物（如菊科类及马铃薯茎叶等），量大不易久藏的农作物蔓、叶（如甘薯蔓、萝卜叶、甜菜叶等），不易单独久贮的根茎、瓜类饲料（如甘薯、胡萝卜等）。若调制成青贮，不仅可改善气味，提高适口性，减少废弃，而且可达到久贮不坏，提高饲料营养价值和饲料利用率的目的。

第三节 粗饲料

凡饲料干物质中粗纤维含量在18%以上的饲料均称为粗饲料。粗饲料不仅包括农作物收获后剩下的秸秆、藤蔓、硬壳，而且还包括结籽前刈割调制的青干草。该类饲料的特点是体积大（属于容积饲），粗纤维含量高，营养价值较低。这一特点与牛、马、羊、兔等家畜生理需要相符合，可借维持所需热能和大容积正好与草食家畜消化器官相适应。

一、营养特点

（一）粗纤维含量高

干草一般含粗纤维为25% ~ 30%，秸秕类可高达25% ~ 50%以上。粗纤维中木质素含量高，消化率较低。

（二）粗蛋白质含量差异大

范围为3% ~ 19%，其中干草类粗蛋白质含量较高，如优质豆科和禾本科干草粗蛋白质含量约在6% ~ 19%，而秸秆、秕壳更低，仅为3% ~ 5%。

（三）磷低钙高，钙的含量常随饲料种类不同而异

一般豆科及糠壳类含钙较高，含磷很少。禾本科含钙、磷均较低。

（四）维生素 D 含量高，其他维生素较少

调制优良的青干草含有较多的胡萝卜素和一定量的 B 族维生素，秸秕类饲料几乎不含胡萝卜素，并缺乏 B 族维生素。

从上述粗饲料的特点看，青干草类的营养价值较高，秸秆、秕壳类的营养价值较低。

二、常用的粗饲料及其利用

（一）青干草

是指禾本科、豆科和菊科或其他饲用植物，在结籽前其全部茎叶，经日晒或人工烘烤，仍保留一定青绿颜色的饲料。青干草品质的优劣，常受植物种类、刈割时间、茎叶多少、调制技术、杂质含量及贮藏方法等因素影响。干草约含粗蛋白 10% ~ 12%，含粗纤维 22% ~ 33%。豆科干草粗蛋白质和可消化粗蛋含量较高；但在能值方面，用豆科、禾本科及谷类作物调制的干草，三者没有显著差别；在矿物质含量方面，一般是豆科干草中的钙量高于禾本科干草，如苜蓿含钙在 1.42% 左右，禾本科不过 0.72%。就刈割时间而言，收割过早，养分虽高但产量低；收割过晚，虽产量高，但养分减少，适口性差，消化率低。所以确定适当的刈割时间，是获得优质干草的关键。当草场中禾本科草多时，应在孕蕾及抽穗期刈割，最迟在开花期割完，当豆科草多时，应在受孕蕾期或开花初期刈割。

（二）禾本科藁秆

如小麦秸、大麦秸、稻草、粟秸、玉米秸，燕麦秸等。禾本科藁秆营养价值很差，干物质中粗纤维含量高，约 28% ~ 39%，消化率较低，粗蛋白质低，约为 3% ~ 5%，粗灰分高达 8% ~ 18%，但对家畜有益的钙、磷却很低。特别是稻草、灰分中硅酸盐竟高达 16%，不仅家畜无法利用，反而影响钙的吸收。家畜日粮中如含有较多的稻草，稻壳时，应注意补充钙、磷。

（三）豆科藁秆

豆科秸秆粗蛋白质和粗纤维含量均较禾本科高，为 27.9% ~ 38.7%。但其质地坚硬，适口性很差，消化率低。

（四）禾本科、豆科秕壳

包括大麦壳、燕麦壳、粟壳、稻壳、玉米皮及各种豆类的荚皮等。秕壳类饲料因常混有泥沙、异物以及未成熟的瘪谷和破碎籽粒，因此营养成分差异较大。和秸秕比较，除稻壳、谷壳外，一般能值略高于同类秸秆。从秕壳类总的营养价值，豆科秕壳优于禾本科秕壳。

粗饲料是草食家畜重要的基础性饲料。在制作干草时应尽量保证收获茎叶的全部，以防养分的损失。收贮藁秆应将带泥的根部除去，饲喂前要切碎铡短。一般饲喂藁秕类粗饲

料，应先用水浸泡软化或经碱化、发酵等加工处理后饲喂。并要搭配营养价值较高的饲料。

第四节　动物性饲料与微生物饲料

一、动物性饲料

主要是指肉食加工副产品、渔业加工副产品、乳及乳品工业副产品。如肉粉、血粉、鱼粉、乳、脱脂乳、蚕蛹粉、羽毛粉等。

（一）营养特点

（1）蛋白质含量高，品质优，除乳品、骨肉粉较低外，其他均在55%～85%之间品质优点是：赖氨酸含量高，一般都超过家畜营养需要标准。缺点是蛋氨酸量略嫌偏低。在配合日粮时，必须注意搭配其他饲料或补加相应缺乏的合成氨基酸。

（2）矿物质、钙、磷含量高，利用率高，是供给维生素 B12 和 D3 的重要来源。

（3）碳水化合物很少，不含粗纤维，消化率高

（4）维生素 B 族丰富。特别是 B2、B12 等含量相当高。并含有促进动物对营养物质利用的动物蛋白因子（APF）。

（5）含一定量脂肪，但差异较大。

（二）常用的动物性饲料及其利用

1. 鱼粉

是由不宜供人食用的各种杂鱼和渔业加工副产品经烘干、磨粉而制成的一种动物性饲料。鱼粉的营养价值很高，是各种畜禽，特别是生长在高产畜禽日粮中蛋白质及必需氨基酸的主要来源。鱼粉的营养成分，常因加工原料不同而异，一般粗蛋白质含量在45%～75%之间，灰分为12%左右，肪脂为5%～15%，不含粗纤维。鱼粉的蛋白质含量超过任何饲料，氨基酸种类完全，特别是赖氨酸、色氨酸、蛋氨酸含量丰富，并含有动物蛋白因子。此乃是在使用植物性蛋白质饲料的同时，加喂适量鱼粉，可显著促进畜禽生长发育，大大提高饲料利用率，增加肉、蛋、乳等畜产品的质量。此外，鱼粉中矿物质含量高、品质优。除钙磷比例恰当外，更可贵的是，尚含锰、铁、碘、硒等微量成分（尤其是海鱼加工的鱼粉），从而使鱼粉的营养价值更加完善。鱼粉还含有大量脂肪，维生素 A、维生素 E 和维生素 B 组。不足的是，含脂肪高的鱼粉，贮藏条件要求较高，夏季久存易酸败变质，加之价格较高，故用量一般多在5%～15%之间。

2. 肉粉

肉粉是由屠宰场不能供人食用的废弃肉、内脏、软骨等制成，颜色呈深棕色或灰黄色。

肉粉的蛋白质含量很高，蛋白质的消化率也很高，蛋白质中赖氨酸含量高，是钙、磷和B族维生素的丰富给源，虽然蛋氨酸、色氨基酸相对较少，但仍属一种高蛋白、高能量的补充饲料。在猪、禽日粮中一般可占 5% ～ 10%。

3. 肉骨粉

是由不能供人食用的病畜、骨骼、胚胎、内脏等物，经高压消毒、蒸煮脱脂、烘干磨碎而成，一般呈棕灰色。和鱼肉粉相比粗蛋白质含量较少（47% ～ 50%），灰分较高（40%以下），亦属。种良好的蛋白质和钙、磷补充饲料。一般在蛋鸡、断奶仔猪和种公猪日粮中可占 15%，断乳前仔猪、育肥猪、母猪和生长猪用量一般不超过 10%。

4. 血粉

由家畜血液制成。其品质常因生产工艺不同而不同。如经高温、压榨、干燥法制成的血粉，溶解性差，消化率低。而用低温、真空干燥法制成的血粉，溶解性好，消化率高。血粉中蛋白质含量高达 80% 以上，但品质不佳，缺乏蛋氨酸、异亮氨酸和甘氨酸。研究表明，在含 4.5% 血粉的猪日粮中添加 0.09% 的异亮氨酸，日增重和饲料利用率均有明显提高。血粉在猪、鸡日粮中用量以占 3% ～ 5% 为宜，过多易引起腹泻。

5. 乳

营养价值很高，即是人的良好营养食品，也是仔畜不可代替的优质饲料。利用多余或不可食用的乳，加入到猪鸡饲料中去，可提高饲料转化率和畜禽生产力。但鲜奶的加入量往往有限，且易腐败变质，如能调制成酸奶，则可克服上述弊病。用羊奶制成酸奶喂雏鸡，不仅可预防小鸡白痢病的发生，而且可保证雏鸡的正常生长和发育。

6. 羽毛粉

是由无法被利用的各种家禽羽毛为原料而制成一种蛋白质饲料。羽毛粉含蛋白质较高，达 80% ～ 85%。蛋白质中尤以胱氨酸特别丰富，但赖氨酸、蛋氨酸、色氨酸较少，与鱼粉、骨粉等配合使用，则效果明显提高。

二、微生物饲料

该类饲料包括酵母、藻类、细菌及其某些真菌的菌体蛋白，近些年来该类饲料的研究和发展较快，其原因是微生物繁殖生长快，营养价值高，供作培养基质的原料多，便于工业化生产等。石油酵母是猪、鸡良好的蛋白质补充料，用占风干日粮 15% ～ 20% 的石油酵母喂猪，石油酵母的消化率可达 70% ～ 88%，氮的利用率达 60%，略高于豆饼加鱼粉的利用效率。用占风干日粮 10% ～ 15% 的石油酵母喂鸡，其效果与喂等量的豆饼相似，且猪、鸡在生理上和生长发育上均无异常表现。若在加喂石油酵母的同时，加入 0.2% 蛋氨酸，其效果更佳。

第五节　矿物质饲料与添加剂饲料

一、矿物质饲料

动物在生长、繁殖、生产过程中需十多种矿物质元素。而各种饲料中矿物质的含量大多不够全面，与家畜对矿物质的营养需求不相适应，这些元素在动植物性饲料中含量不一，但由于畜禽采食的多样性，往往可以互相补充而得以满足。但在舍饲条件下的高产家畜，或生长旺盛期的幼畜，对矿物质需要量很大，必须用相应的矿物质元素予以补充，才能充分发挥畜禽的生产潜力和饲料的利用效率。

（一）食盐

主要供给钠和氯，食盐具有调味、促进唾液分泌、增进食欲的作用。各类家畜都需补充食盐，一般猪、禽约为日粮的 0.5%，草食家畜牛、羊、马等补盐量应控制在 1% 左右为宜，过多会发生食盐中毒。

（二）含钙的矿物质饲料

1. 石粉

即石灰石粉，系天然碳酸钙，含纯钙 38% 左右。

2. 贝壳粉

含钙量与石粉相近，约 37%，但利用率不及石粉。鲜贝壳制粉时，应注意消毒，以防残留蛋白质腐败使畜禽患病。

3. 木灰

含丰富的矿物质，包括钙、磷、钾、钠等，钙含量平均约 26% 左右，可作畜禽的补充钙源。因新鲜木柴灰碱性过硬，利用时应在风凉处存放 20 ~ 30 天以上才可饲用。

（三）钙多磷少的矿物质饲料

1. 蛋壳粉

含钙约 36%，含磷 2.2%。蛋壳以蛋打仓、打蛋厂、孵化厂及食堂、饭馆较多。收集的蛋壳必须消毒，然后才可粉碎饲用，否则将因残留在蛋壳内的蛋白质腐败而使畜禽患病。消毒方法可煮（在沸水中煮 10 ~ 15 分钟）、蒸，也可炒成黄色。

2. 蒸骨粉

动物骨骼经高压蒸煮脱去骨胶、骨油后干燥粉碎而成，含钙 30%，含磷 14.5%，是畜禽优质的钙磷补充料。

3. 沉淀磷酸钙

含钙 20% 以上，约含磷 14%，是家畜的矿物质补充料，

（四）钙多磷少的矿物质饲料

主要在日粮中钙多磷少时使用。如过磷酸钙，含磷 24.6%，含钙 15.9%。

二、添加剂饲料

饲料添加剂是指配合日粮中加入的合成氨基酸、维生素制剂、微量元素、抗菌素、酶制剂、抗氧化物质、驱虫药物、防霉剂、着色剂等各种微量成分，有的能促进生长、肥育和提高饲料利用率以及抗病力，有的可补充日粮中某些维生素、氨基酸或微量元素的不足。

（一）营养物质添加剂

主要用于平衡畜禽日粮中的维生素、微量元素和氨基酸的需要。

1. 维生素添加剂

目前应用的有维生素 A、维生素 D、维生素 E、维生素 K_3、硫酰胺、核黄素、吡哆虫、维生素 B_{12}、氯化胆碱、烟酸、泛酸钙以及生物素等。添加剂除考虑营养需要外，还应考虑日粮组成、气温、饲养方式等环境条件。利用维生素制剂作为添加剂时还应考虑其稳定性和生物学效价。此外，维生素应与其他微量元素、抗菌素等混合制成配合添加剂后使用效果较好。

2. 微量元素添加剂

在日粮中添加量很少，每吨饲料中约 1 ~ 9 克，因此，使用微量元素添加剂时必须干燥，并要特别注意混合技术，一定要混合均匀。

3. 氨基酸添加剂

添加于日粮中的主要是植物性饲料中最缺乏的必需氨基酸——蛋氨酸与赖氨酸。可以节约日粮中的动物性蛋白质饲料。鸡对蛋氨酸的需要和饲料中蛋白质的水平有关，不同生长阶段对蛋氨酸的需要量也不同，一般是幼雏期比雏期需要量多。在猪的日粮中添加蛋氨酸会有明显的增重效果，饲料利用率相应地也会大幅度提高。饲料中的赖氨酸分为可被动利用的有效赖氨酸和不易利用的结合赖氨酸。因此，赖氨酸的添加量必须考虑饲料中有效赖氨酸的实际含量。

（二）生长促进剂

属于非营养性的添加剂，具有刺激动物生长、提高饲料利用率、增进畜禽健康的作用。包括抗菌素、抗菌药物、激素、酶制剂和其他生长物质。

1. 抗菌素

主要用于鸡和猪。在饲养卫生条件差，日粮不全价的情况下对促进动物生长和保持动

物健康有一定效果。对于缺少初乳的幼畜，补给抗菌素能减少腹泻。但由于使用抗菌素添加剂后在畜产品中有残留，一般尽量要少用。

2. 抗菌药物

主要是磺胺和硝基呋喃，与抗菌素类似存在抗药性和畜产品中药物残留的问题，一般要少用。

3. 激素

激素中曾用作添加剂的有生长激素、肾上腺皮质激素、雌激素、甲状腺激素、抗甲状腺素等。激素只在少数国家作为添加剂使用，许多国家则用法律形式禁止使用。

4. 酶制剂

是用微生物发酵生产的，主要有淀粉酶、蛋白质酶和纤维素酶，常用的包含多种酶的粗制品。

5. 其他生长促进剂

包括有机砷制剂和铜制剂等。有机砷制剂主要作为幼龄猪禽的生长促进剂，常用的有阿散酸、4-羟-3硝基苯砷酸，其作用在于改变肠道中微生物的代谢或改善家畜的营养状况。在动物屠宰前10天必须禁用。铜制剂能提高猪禽食欲，有制菌作用，还有中和肠道中硫化氢等有毒物质并促其排除的作用，但对鸡的增重效果不如生猪明显。

（三）补充部分蛋白质的添加剂

1. 饲料酵母

属高效的蛋白质维生素饲料，其干物质含量约90%。蛋白质的消化率高达85%～90%。饲料酵母其他营养成分也很丰富，并含有钙、磷、钾、铁、镁、钠、钴、猛等矿物质元素。还含有多种酶激素，能促进机体对养分的吸收利用。在日粮中添加3%～7%的饲用酵母，可提高乳牛的产乳量，改善牛乳的含脂率；对牛、猪的增重效果具有加速作用，同时可改善肉的口味；还可提高肉用仔鸡的增重和产蛋率，改善蛋的孵化率。在牛、鸡的日粮中添加饲用酵母，可降低饲料消耗约15%左右。用紫外线照射酵母饲喂犊牛、仔猪和泌乳母牛，可预防软骨病。

2. 尿素

主要用于饲喂反刍家畜。纯制品尿素中含氮为46.47%，用做商品生产的尿素含氮45%。在缺乏蛋白质的粗饲料中按混合比例加入尿素与糖浆（一份尿素加8～10份糖浆，再按1∶1加水稀释）加水制成的混合料效果较好。但是日粮中添加比例不当、无高能精料、混合不均匀时易引起家畜中毒。一般原则是：日粮中含蛋白质不足10%时，才可添加尿素，用量不超过家畜体重的0.05%。另外，还应注意日粮中应含有一定量的高能精料，尿素应充分拌匀饲喂，并在饲喂后半小时以上才能饮水，以免尿素迅速分解产生大量的氨而引起中毒。

第三章 饲料厂工艺设计

饲料厂的主要任务是根据饲料配方和饲养要求，选用合理的加工工艺和设备，生产具有一定营养水平和理化性状、效益好、便于储藏和运输的配合饲料产品。为此，筹建配合饲料厂时必须综合考虑各项技术经济和生产性能指标，如厂房设备投资、生产能力、粉碎粒度、配料精度、混合均匀度、成品率、单位产品电耗、作业人员数量、劳动强度、粉尘浓度、工业噪声、设备使用维护的方便性等，这些都与饲料厂的工艺设计密切相关。

第一节 饲料厂工艺设计概述

一、饲料厂的类型

广义的饲料厂产品种类多样，根据生产的饲料品种可将饲料厂分为以下类型：

①饲料原料厂提供饲料生产中广泛使用的各种动物性、植物性及其他的蛋白质饲料，如鱼粉、肉骨粉、血粉、羽毛粉、松针粉、草粉、单细胞蛋白等。

②饲料添加剂厂生产营养性添加剂（如维生素、微量元素、氨基酸等）和非营养性添加剂（如激素、抗生素、驱虫剂、抗氧化剂等）。此类产品不能直接饲喂动物。

③预混合饲料厂采用相应载体或稀释剂，与各类添加剂进行混合，制成粉状饲料半成品。产品有单组分（单项）添加剂预混合料和多组分（复合）添加剂预混合料，都不能直接饲喂动物。

④浓缩饲料厂生产以蛋白质饲料原料、矿物质和添加剂预混合料组成的粉状饲料半成品，也不能直接饲喂动物。

⑤全价配合饲料厂生产营养成分全面的饲料产品，成品为颗粒料、粉料、破碎料、膨化料等，可直接饲喂动物。有的配合饲料厂配有预混合饲料车间（工段）或浓缩饲料车间（工段）；有的配合饲料厂可能由于原料或市场等因素，将配合饲料生产线转为生产主要含有蛋白质饲料和能量饲料的混合饲料。

目前国内的饲料厂生产线规模有 2.5 t/h、5 t/h、10 t/h、20 t/h，即年单班生产能力相应为 5 000 t、10 000 t、20 000 t、40 000 t。小型饲料加工机组生产能力多为 0.3 t/h、0.5 t/h、1.0 t/h、1.5 t/h、2.0 t/h。

二、饲料厂设计总原则

工厂设计质量不仅影响到基本建设投资费用，而且直接影响投产后的各项技术经济指标，因此必须遵守以下设计总原则：

①节约用地新建厂从厂址选择、工程设计到施工的每个环节都必须贯彻节约用地原则；老企业的改建和扩建应充分利用原有场地，不应任意扩大用地面积。

②采用新工艺、新技术、新设备新建、改建、扩建、老厂技术改造，都应尽量采用新工艺、新技术、新设备，使工厂在投产后能获得较好的技术经济指标和较高的经济效益。

③减少设备建设投资在保证产品质量的前提下，应尽量减少原材料消耗、节约设备费用、缩短施工周期，减少基本建设投资。

④缩短设计时间条件允许的情况下，尽量采用通用设计和标准图纸，以简化设计工作，缩短设计时间。

⑤充分考虑环保问题设计中要充分考虑工人的劳动环境和安全保护问题。车间的粉尘、噪声、防震和防火等设施要符合国家有关标准和规范。

⑥各项设计相互配合工艺设计必须同土建、动力、给排水等设计相互配合进行，"三废"治理设施与主体工程同时设计，使整个设计成为一个整体，避免因互相脱节而造成设计缺陷，影响投产后的产品质量、经济效益和生产管理。

三、工艺设计的内容

工艺设计是一项综合性较强的工作，不仅有技术性、经济性，同时还是一项艺术性的工作。工艺设计范围主要包括主车间、各种库房（筒库、副料库、成品库）等直接或间接生产部分，主要内容有：工艺规范的选择、工序的确定、工艺参数的计算、工艺设备的选型及布置，生产作业线、蒸汽系统、通风除尘系统、动力系统以及压缩空气系统设计，工艺流程图、设备纵横剖面图及网络系统图的绘制，工序岗位操作人员安排、工艺操作程序的制定和程序控制方法的确定，以及设备、动力材料所需经费的概算。在施工图设计阶段中，还需绘制楼层板洞眼图和预埋螺栓图。

工艺设计涉及的相关文件通常包括以下设计概述和图表：①产品种类和产量的概述；②主、副原料种类、质量和年用量说明；③各生产部门联系的说明；④工艺流程说明并附详细工艺流程图；⑤生产车间、主副原料库工艺设备的选择计算；⑥主副原料、液体原料、水、电、汽等的需要量计算；⑦生产车间、立筒库、副料库机器设备的平面布置图、剖面图以及预埋螺栓、洞孔图；⑧通风除尘系统图；⑨生产用汽、气、液体添加系统图；⑩工厂及车间、库房劳动组织和工作制度概述。

四、工艺设计的原则

①保证达到产品质量和产量要求，充分考虑生产效率、经济效益、最初建设投资，以及对原料的适应性、配方更换的灵活性和扩大生产能力，增加产品品种等多方面综合因素。

②工艺流程应流畅、完整而简单，不得出现工序重复。除一般生产配合粉料的工艺过程外，根据需要，当生产特种饲料或预混合料时，应相应增加制粒、挤压膨化、液体添加、压片、压块、前处理等工艺过程。

③选择技术先进、经济合理的新工艺、新设备，采用合理的设备定额，以提高生产效率，保证产量、质量，节约能耗，降低生产成本和劳动强度。

④设备选择时，尽可能采用适用、成熟、经济、系列化、标准化、零部件通用化和技术先进的设备。设备布置应紧凑，按工艺流程顺序进行，尽量利用建筑物的高度，使物料自流输送，减少提升次数，节约能源，减少占地面积，但又要有足够的操作空间，以便操作、维修和管理。

⑤设计中应充分考虑建立对工作人员有利的工作环境，减轻劳动强度，采取有效的除尘、降噪、防火、防爆、防震措施，达到劳动保护、安全生产的目的。

⑥设备布置不仅需要考虑建筑面积大小，除保证安装、操作及维护的方便，还要考虑单位面积的造价，应充分利用楼层的有效空间，在此前提下尽量减少建筑面积，并注意设备的整体性。

⑦为保证投产后的生产能力，设计的工艺生产能力应比实际生产能力大15% ~ 20%。

五、工艺设计的基本资料与依据

工艺设计之前需要通过调查当地相关行业状况和国内外的工艺技术资料，分析掌握以下内容：①拟建规模、投资额、产品品种、规格；②常用原料的品种、来源、质量规格、价格；③原料接收与成品发放形式；④同等规模厂家的工艺流程、设备布置、建筑面积、动力配备、技术水平和投资情况；⑤加工设备的技术水平、性能、价格；⑥拟建工艺的具体指标，如对清理、粉碎、混合、成形的工艺要求；⑦电气控制方式和自动化程度；⑧人员素质。

总体而言，工艺设计应确保产品质量符合要求，单机设备效率最高，单位生产成本最低，符合环保要求，在此前提下力求工艺实用、可靠，并尽可能简化，以节约设备投资和运行费用，以便建成经济效益高、社会效益好的饲料厂。

六、工艺设计的方法

工艺设计方法不是千篇一律的，但有以下共同点：

①工艺流程设计时，应以混合机为设计核心，先确定其生产能力和型号规格，再分别

计算混合机前后的工段生产能力，通常要根据原料的粒料和粉料之比、饲料成品中粉料与颗粒之比来计算各工段的生产能力。

②在工艺流程布置时，一般以配料仓为核心，先确定其所在楼层，然后再根据配置原则，合理布置加工设备和输送设备，某些功能相同的设备可布置在同一层楼内，以便统一管理和操作方便（布置在同一层楼内不等于在同一水平面上）。

③为保证工艺流程的连续性，相邻设备间没有缓冲设备（仓）时，后续设备生产能力应比前序设备生产能力大 10% ~ 15%。

此外，在工艺设计中还要注意以下具体事项：不需粉碎的物料不要进粉碎机；粉碎机出料应采用负压——机械吸送；饼块状料先用碎饼机粗粉碎，然后再进行二次粉碎；分批混合时，在混合机前后均应设置缓冲仓；粉碎、制粒、膨化等重要设备前段设置磁选装置；尽量减少物料提升次数，缩减各种输送设备的运输距离和提升高度；采用粉碎机回风管，以降低除尘器的阻力。

七、工艺设计的步骤

饲料加工的工艺类型繁多，尚无设计程序规范，可大致按以下步骤进行。

①拟定工艺流程，绘制工艺流程草图。根据拟建生产规模、产品情况进行流程的组织和主要设备的选择计算，比较不同方案加以择优。

②选择并计算所需工艺的作业设备（包括作业机械、输送设备及各种料仓）和辅助设备（包括传动系统、风网、管网、蒸汽系统、压缩空气系统、供电系统等）的性能参数、型号、规格和数量，并确定配置方式。

③车间设备布置。按照选定的工艺流程草图，将设备制成小样图进行排布，确定配置全部设备所需生产车间的面积、楼层及高度，并绘制各层的设备安装平面布置图和纵、横剖视图。

④绘制正式工艺流程图。根据工艺生产过程的顺序，将所有设备联系成生产系统，采用国家标准规定的图形符号绘制。

⑤编写设计说明书。

第二节　饲料厂工艺流程设计

工艺流程由单个设备和装置按一定的生产程序和技术要求排列组合而成。饲料产品的原料种类、成品类型、饲喂对象多种多样，且设备种类规格繁多，因此各个设备与装置间有多种不同的排列组合形式。设备选择的主要依据是生产能力、匹配功率和结构参数，也考虑安装、使用、维修等方面的要求，可用最小费用法和盈亏平衡分析法进行选优。在工艺流程设计时，应综合考虑多种因素（如产品类型、生产能力、投资限额等），确定最佳方案。

一、原料接收工段

接收工段是饲料厂生产的第一道工序，原料品种多，进料瞬时流量大，因此接收工段工艺流程应具备承载进料高峰期的能力。根据原料的种类、包装形式和运输工具的不同，需要采用不同的接收工艺流程。饲料原料在加工、运输及储藏过程中，不可避免地会夹带部分杂质，必须去除杂质以保证饲料成品含杂不过量，以减少设备磨损，确保安全生产。原料在接收线通常经过三道清理工序：首先是带吸风的下料坑栅筛，可清理大石块、长麻袋绳、麻袋片和玉米芯等杂质；其次是筛选设备，可筛除大杂质；最后为磁选装置，去除原料中的磁性杂质。

饲料厂原料分为主原料和副原料两大类。主原料指谷物，副原料指谷物以外的其他原料。原料又有散装和包装两种形式。根据原料之间物理性状差异，包装形式的不同，以及饲料厂规模大小的不同，原料有以下不同工艺方式进行接收。

1. 大型饲料厂粒状原料的接收工艺流程

大型饲料厂产量大，原料用量多，在厂区内均建有立筒仓来贮藏常用大宗原料，如玉米、饼粕类等。因为散装原料易于机械化作业且可节约包装材料费用，因此大宗原料应尽可能采用散装运输。如图 3-1 所示，对于散装原料，其接收工艺流程为：原料由自卸火车、自卸汽车运输到厂区，经地中衡称重后，卸到下料坑内，提升至工作塔顶层，再经初清、磁选、计量后送入立筒仓内储藏。对于包装原料，通常采用皮带输送机或叉车运输，进入厂内后经人工拆包，倒入下料坑内，提升后，再经初清、磁选、计量后送入立筒仓内储藏。

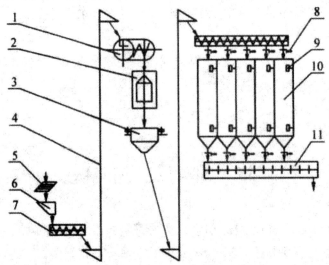

1. 圆筒初清筛 2. 永磁筒 3. 电子秤 4. 斗式提升机 5. 栅筛 6. 下料坑
7. 螺旋输送机 8. 自动闸门 9. 料位器 10. 立筒仓 11. 刮板输送机

图 3-1　散装粒料接收工艺流程

2. 中小型饲料厂粒状原料的接收工艺流程

中小型饲料厂原料多采用包装的形式运输，原料一般存放在房式仓内。原料由汽车运输到厂区后，由人工用手推车或者是用皮带输送机、叉车运到房式仓内存放，再由人工拆包，倒入下料坑内，经初清磁选后进入待粉碎仓。

3. 粉状原料的接收工艺流程

粉状原料一般不需要粉碎，用量相对主原料而言要少，故常采用包装的形式运输、房式仓储藏。其接收工艺流程为：原料由汽车运输到厂区后，由人工用手推车或者是用皮带输送机、叉车运到房式仓内存放，再由人工拆包，倒入下料坑内，经初清磁选后进入配料仓。简单表示为：

粉状原料→下料坑→提升→初清→磁选→分配器→配料仓

大杂　铁杂

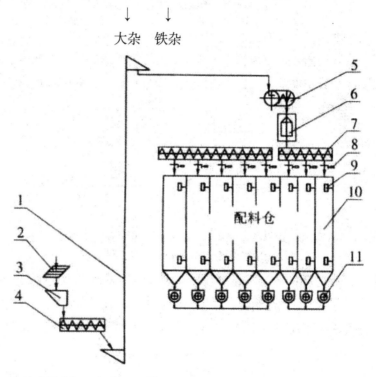

1. 斗式提升机 2. 栅筛 3. 下料坑 4. 螺旋输送机 5. 圆筒初清筛 6. 永磁筒
7. 螺旋输送机 8. 自动闸门 9. 料位器 10. 配料仓 11. 给料器

图3-2　粉料接收工艺流程

4. 原料的气力输送接收工艺流程

气力输送可从汽车、火车和船舶等各种运输工具接收散装原料，一般大型饲料厂采用固定式气力输送机，小型饲料厂多采用移动式气力输送机。图3-3所示为采用吸送式气力输送从船舶上接收散装原料的工艺流程。

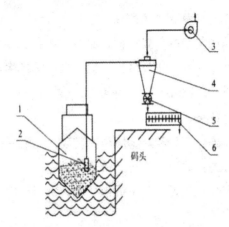

1.船舱 2.吸嘴 3.风机 4.离心式卸料机 5.叶轮式闭风机 6.刮板输送机

图3-3　气力输送接收工艺流程

5.液态原料的接收工艺流程

液态原料接收采用离心泵或齿轮泵（适用于长距离输送黏性大的液体）输送，用流量计进行计量。寒冷气候条件下，液体原料储罐必须进行保暖，并配备加热装置用于升温、降低黏度，以便于输送。液体原料接收工艺方式如图3-4。

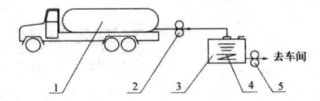

1.液体运输罐车 2.接收泵 3.储液罐 4.加热蛇管 5.输出泵

图3-4　液态原料接收工艺流程

总之，无论采用何种接收工艺，接收及清理设备的生产能力通常为车间生产能力的2～3倍，主要取决于原料供应情况、运输工具和条件、调度均衡性等因素。大型饲料厂通常设置3条接收线，分别用于玉米、饼粕原料和粉状料；中型饲料厂可设置主料、副料接收线各一条；小型饲料厂的主、副料可共用一条接收线。

二、原料粉碎工段

饲料厂物料的粉碎有饼类粗碎、普通粉碎和微粉碎3种形式。粉碎工段的工艺流程可采用一次粉碎工艺或二次粉碎工艺。

1.一次粉碎工艺

一次粉碎工艺所需设备简单，投资小，操作方便，但粉碎粒度均匀性差，且效率低、电耗高，一般对于时产10 t以下的饲料厂宜采用一次粉碎工艺。

2.二次粉碎工艺

二次粉碎工艺是弥补一次粉碎工艺的不足。在第一次粉碎后，将粉碎物进行筛分，对粗粒再进行一次粉碎的工艺。其不足是要增加分级筛、提升机、粉碎机等，使建厂投资增加。二次粉碎工艺又可分为单一循环粉碎工艺、阶段粉碎工艺和组合粉碎工艺。

（1）单一循环粉碎工艺

单一循环粉碎工艺是用一台粉碎机将物料粉碎后进行筛分，将筛出的粗粒再送回粉碎机进行粉碎的工艺。经试验表明，该工艺与一次粉碎工艺比较，粉碎电耗节省30% ~ 40%，粉碎机单产提高30% ~ 60%。因粉碎机采用大筛孔的筛片，重复过度粉碎减少，产量高、电耗小、设备投资也较省，适合我国年单班产 1 × 104t 的饲料厂采用。

（2）二次粉碎工艺

二次粉碎工艺就是将物料经第一台粉碎机（配 Φ6 mm 筛孔的筛片）粉碎后，送入孔径分别为 Φ4mm、Φ3.15 mm、Φ2.5 mm 的多层分级筛筛理，筛出符合粒度要求的物料进入混合机或配料仓，其余的筛上物全部进入第二台粉碎机（配 Φ3 mm 筛孔的筛片）进行第二次粉碎（占总量的 50% ~ 80%），粉碎后全部进入混合机或配料仓。这种粉碎工艺在欧洲一些国家得到推广。

（3）组合二次粉碎工艺

组合二次粉碎工艺就是用辊式粉碎机进行第一次粉碎，经分级筛筛理后，筛上物进入锤片式粉碎机进行第二次粉碎。第二次粉碎采用锤片式粉碎机原因是辊式粉碎机对纤维含量高的物料如燕麦、小麦皮等粉碎效果不好，而锤片式粉碎机对这些物料都容易粉碎。辊式粉碎机具有粉碎时间短、温升低、产量大、能耗省的优点，它与锤片式粉碎机配合使用能得到很好效果。

总之，设计粉碎工段工艺流程时，都应注意以下几点：

①应设待粉碎仓，容量保证粉碎机连续工作 2 ~ 4 h 以上。为保证调换原料满足配料工序的要求，如工艺采用一台粉碎机，待粉碎仓不宜少于 2 个；如果有多台粉碎机，待粉碎仓数量不少于粉碎机台数。

②一般性综合饲料厂粉碎机产量可取生产能力的 1 ~ 1.2 倍；鱼虾饵料厂粉碎机产量应为工厂生产能力的 1.2 倍以上；如有微粉碎工段，其产量要专门考虑。

③原料粉碎前必须经过磁选处理，以免磁性金属杂质损坏粉碎设备。

④粉碎后的物料机械输送应进行辅助吸风，可提高粉碎机产量 15% ~ 20%；经微粉碎的物料通常采用气力输送。

⑤粉碎机因为功率大、震动大，尽可能布置在底层或地下室。为解决粉碎机产生的噪音，也可将它布置在单独的隔音间内。

三、粉碎与配料工段

饲料粉碎工艺与配料工艺密切相关。在工艺组合形式上，有先粉碎后配料工艺和先配料后粉碎工艺，常规畜禽饲料加工多采用先粉后配工艺，部分水产饲料生产采用先配后粉工艺。

（1）先粉碎后配料工艺流程

该工艺是指将粒状原料先进行粉碎，然后进入配料仓进行配料。这种工艺主要用于加工谷物含量高的配合饲料，国内外饲料厂多采用此生产工艺。其优点为：

①因粉碎物料的品种单一，粉碎机工作负荷满、稳定，使粉碎机处于良好的利用特和最佳的粉碎效率。

②粉碎后物料进入配料仓，一般饲料厂配备许多配料仓，可在生产过程中起着缓冲作用，故粉碎系统因检修停运时不会影响生产线正常生产。

③采用先粉碎后配料工艺可根据需要选用不同的粉碎工艺，采用二次粉碎等以适应不同的粉碎要求。如采用辊式粉碎机与锤片式粉碎机配合使用，以充分发挥各机的特性，降低能耗，提高产品质量和经济效果；采用单一循环粉碎来降低能耗。

④控制粉碎成品粒度方便，在粉碎单一原料时，只需通过更换筛板就可实现。

该工艺的缺点是配料仓数量多，建厂时设备的投资增加和以后的维修费用增高；更换配方受到配料仓数量的限制；由于粉碎后的粉料进配料仓存放，增加了物料在料仓内结拱的可能性，从而会增加配料仓管理上的困难。

（2）先配料后粉碎工艺

该工艺是将所有参加配料的各种原料，按照一定比例通过配料秤称重后混合在一起，后进入粉碎机粉碎。该工艺的优点为：①对原料品种变化的适应性较强，故生产过程中更换饲料配方极为方便；②不需要大量的配料仓，从而缩小车间占地面积，还可节省建厂投资；③对于配料中谷物原料含量少时，采用先配后粉工艺（粉碎量少，多为粉料直接加入混合机），其优点更为突出。这种工艺适用于小型饲料厂或饲料加工机组。但西方少数大型饲料厂也有采用此工艺的。

该工艺的缺点是：①装机容量要比先粉碎后配料增加20%以上，其能耗增高5%以上；②粉碎机的工作情况直接影响全厂的生产进程；③被粉碎原料（原料不同）特性不稳定，造成粉碎机负荷不稳定；④对原料清理设备要求高，对输送、计量都会带来不便。

为使先配后粉工艺克服上述缺点，发挥其优势可采取以下措施：①在配料工段采用二台配料秤，将粒料、粉料分别称重，粒料进入粉碎机，粉料直接送往混合，则可大大减少粉碎能耗；或采用一台配料秤与分级筛配合使用，将配好的料，用分级筛筛出需要粉碎的部分，筛出的粉料直接进入混合机；②在粉碎机前添加一台混合机，将各种物料混合均匀后加入粉碎机，以减少粉碎机负荷波动，又能保证产品的粒度质量。

四、配料与混合工艺

目前具备一定规模的饲料厂通常采用电子配料秤配料，常用的配料工艺主要有多料一秤和多料数秤的配料工艺。

（1）多料一秤配料工艺

多料一秤配料工艺是指所有的饲料原料均用一台电子秤进行称量，其特点是工艺流程简单、计量设备少，设备的调节、维修及管理较方便，易于实现自动化控制。其缺点是配料周期相对较长，累计称量误差大，从而导致配料精度不稳定。该工艺常用于小型厂和饲料车间。

（2）多料数秤配料工艺

多料数秤配料工艺就是将各种原料按照它们的特性差异及在配方中的比例而采用不同规格的电子秤分批称量，从而经济、精确地完成配料过程。该工艺是目前大、中型饲料厂应用最为广泛的配料形式。一般大配比组分即在配方中占原料总量的5%～10%以上的原料，在主配料秤（大秤）中称量；小配比组分指占原料总量的1%～10%之间的原料，用最大称量为大秤的1/4～1/5的小秤称量；配料量在1%（或0.5%）以下的微量添加组分，则用微量多组分秤单独配成预混料。多料数秤配料工艺较好地解决了多料一秤配料工艺形式存在的问题，配料绝对误差小，但增加了饲料厂建厂时的一次性投资和以后的维修管理费用。

配料仓容量因工艺设计不同可能有差异，个数也随生产规模不同而变化。通常仓容宜满足配料秤连续8 h生产，过大则占据较多的建筑空间。一般而言，小型饲料厂配料仓个数为8～10个；大中型饲料厂则采用2台或2台以上配料秤，配料仓个数为16～24个（微量添加剂配料秤上的仓数另计）。配料秤上喂料器数量与配料仓相同，产量必须满足配料秤的生产要求。

配合饲料加工必须有混合工序，严禁以粉碎或输送工序代替。大中型饲料厂可将混合工序分为预混合、主混合两级。混合机生产能力等于或略大于饲料厂的生产能力，并与配料秤相匹配。混合机下方必须设缓冲斗，容积为存放混合机1批次的物料量，以防后续输送设备超载。混合成品的水平输送应选用刮板式输送机，可防止物料分级、减少交叉污染。有预混合工段时还应考虑载体的加工、储藏、称量等工序，添加剂可采用人工称量。

五、制粒工艺

制粒工艺是将粉状饲料原料或成品制成颗粒的过程，主要由原料预处理、制粒成形和后处理3个阶段组成。在具体配置上，根据不同饲料的生产要求而有所区别。通用的制粒工艺包括磁选、调质、模压、冷却干燥、破碎、分级等环节。在设计制粒工艺需要注意以下几点：①设置容量满足制粒机连续工作1～4 h的待制粒仓，数量不少于2个，以便更换制粒品种；②物料进入制粒机前必须经过磁选处理；③综合性饲料厂制粒机的生产能力不应低于粉状产品产能的50%，通常与粉料产能一致；④冷却器产量与颗粒粒径成反比，必须保证冷却时间。目前饲料厂多选用立式逆流式冷却器；⑤碎粒机置于冷却器下方，并设置旁路供不需破碎的物料通过。碎粒机长度较长时，可配备匀料装置；⑥颗粒分级筛宜设置在顶层，便于成品入仓或油脂喷涂等后续工艺的布置，细粉返回待制粒仓经特设的回流通道优先进入制粒机喂料器；⑦蒸汽系统应保证提供适宜压力的干饱和蒸汽；⑧生产鱼虾用硬颗粒饲料需要强化调质。可在制粒机前增加专用调质器或调质罐，提高淀粉糊化或熟化程度，并促使蛋白质变性、纤维素软化。或在制粒完成、冷却器前方配备后熟化设备，提高养分熟化度及颗粒的水中稳定性。

根据不同的原料预处理、成形颗粒的后处理工艺，又可分为畜禽饲料制粒工艺和水产饲料制粒工艺；根据不同的组合方式又有多种类型工艺派生。因此制粒工艺不是一成不变的，而是在基本工艺的基础上根据饲喂对象、客户要求和科技发达程度有所不同。

硬颗粒饲料具有较高的硬度和密度，其制粒工艺根据预处理的不同一般分为常规单级调质制粒工艺、长时间调质制粒工艺和二次制粒工艺。

1. 常规单级调质制粒工艺

此工艺是饲料工业中最常见的制粒工艺，适用于猪、禽饲料的生产。待制粒粉状物料进入待制粒仓后，进入调质器（调质可以单级、双级或双体等多种形式），经过颗粒机制粒成形后通过冷却器冷却，冷却后的颗粒由斗式提升机提升至破碎机（或旁通）进入成品仓、液体也可以在颗粒机环模出口外表面喷涂。

2. 长时间调质制粒工艺（双级调质，中间配熟化器）

制粒前的调质质量直接影响制粒的产量、品质和环模压辊的使用寿命。长时间调质制粒工艺和常规单级调质制粒工艺差别在于增加了长时间熟化器和一组调质器。原料由原料仓，经过喂料调质器，进入熟化器，再由桨叶调质器将物料送入制粒机压制成形，成形颗粒由冷却器冷却后进入和常规制粒工艺相同的后道工艺。

长时间调质的优点在于各种配方均能生产出含粉率低、质量高的颗粒饲料；能够提高液体，特别是糖蜜和脂肪的添加量；不依赖黏合剂，能使用低成本原料（特别是非谷物类原料），配方设计范围大；环模的孔径可适当放大，而粉化率不会上升；能延长环模、压辊的使用寿命；颗粒机的负荷下降，能减少10%～20%的能耗，提高颗粒机生产能力；使用简单、操作方便，熟化器及配套装置的投资成本一般一年之内就能收回。缺点是新设计的工艺需要更高的工艺布置空间，厂房高度增加；饲料厂改造空间受限制；颗粒机自身节电，但熟化器和调制器的能耗增加。

3. 二次制粒工艺

二次制粒工艺和常规单级调质制粒工艺的主要差别在于工艺中配有2台颗粒机。调质后的粉状原料经过第一级粗制粒后再进行第二次精制粒，其实质也是强化制粒的调质，以改善最终颗粒的质量。

原料由料仓经过调质器，进入颗粒机1进行第一次制粒，通常孔径比第二级制粒大50%（或者使用第二级磨损的旧环模，重新修正后利用）；再进入颗粒机2进行第二次制粒。制粒后的工艺过程同常规制粒工艺基本一致。

二次制粒已在欧洲一些饲料企业得到应用。它提供了强化调质的一种方法，能满足添加液体渗透原料所必需的压力、温度和时间等主要条件。水分在二次制粒前已被基本吸收，可生产出高品质的颗粒饲料。在具体工艺配置时有两种方式。

第一种是直接串联式，使用效果较好，投资成本较低。

第二种是在第一级制粒后加带式熟化槽，在第二级制粒前加调质器，冷却器改为 4 层冷却器。其工作原理是：在第一级调质器中加入蒸汽外的所有液体添加物，初制颗粒质量很低。然后在熟化器内，由冷却器通过热交换器输入的热干风使物料保持温度，确保物料得到充分调质（该制粒方式投资成本高于第一种）；在第二级调质器再加蒸汽，使物料进一步升温，同时保持物料表面湿润，在饲料第二次通过压模时起润滑作用。

卧式 4 层冷却器既可以为熟化器提供湿热空气，又可以提高冷却效果。

二次制粒的第二种方式能大批量添加糖蜜、油脂，工艺容易控制，改善质量明显，尤其适用于牛饲料和草食动物饲料的加工，但投资费用高，运行成本高。

六、挤压膨化制粒工艺

挤压膨化工艺与制粒工艺基本相同，但饲料膨化成形后需要先干燥后再冷却，从而降低饲料中的水分含量，提高水中稳定性。在膨化机前增设调质器和熟化罐，可以提高膨化机的工艺效果。生产不同的膨化颗粒饲料，其加工工艺过程的某些工段可能不尽相同，但大体上都要经过物料粉碎、筛分、配料、混合、调质、挤压膨化、切段、干燥、冷却、微量元素喷涂、油脂喷涂和成品分装等阶段。

要使物料在膨化机内获得充分的膨化和均匀一致的组织结构，避免夹生，防止模孔堵塞，首先必须将谷物及饼粕等基础原料粉碎。采用筛板孔径为 1.5 ～ 2 mm 的锤片式粉碎机进行粉碎，其粉料的粒度应控制在 16 目筛（孔目直径约等于 1 mm）上低于 9% 为宜。对不含粉料的小颗粒原料或模板孔径较小（例如小于 3 mm）时，则原料应通过 20 目筛（孔目直径为 0.83 mm）。

膨化颗粒饲料所含的各种组分根据饲料品种和营养水平的不同可以灵活地进行配方。一般，谷物类富含淀粉的组分应占总原料量的 30% 以上。对鱼虾饵料，蛋白质的含量可达 40% 以上。

各种干粉料经配料混合后，即可送入调质器调湿、调温。在调质器内回转桨叶的搅拌混合作用下，使物料各部分的温度和湿度均匀一致。调质的温度和湿度视原料的性质、产品类型、糊化机的型号及运行操作参数等多种因素而定。对于干膨化饲料，物料经调质后的实际含水量为 20% ～ 30%，常用的实际含水量为 25% ～ 28%，温度在 60 ～ 90 丈为宜。实际生产中，要经过试验来寻求优化的温度和湿度等操作参数，以便使产品符合质量要求且操作费用最低。

调质过程除了上述主要目的外，还可将调味剂、色素以及油脂、肉浆等一类液体添加料加入调质器中。特别是生产鱼虾饵料时，作为能量组分，添加油脂比添加碳水化合物更为有效。故在这个阶段可加入少量油脂，物料中含有一定量的油脂可起到润滑剂的作用，有利于物料在膨化机内的流动。但油脂过多会降低产品的膨化程度，对于油脂总含量超过5%以上的一类饲料，其余的油脂应在干燥、冷却后的颗粒产品上进行喷涂补加。

调质后，物料被送入螺杆挤压腔。挤压腔是一个良好的高温短时反应器，物料在旋转螺杆的推动下，受到了很大的剪切力和摩擦力，温度和压强越来越高，正是由于这一高温、高压的混合作用，使淀粉质熔融糊化、体积膨胀。另外，很多致病菌等微生物得以杀灭或抑制，一些存于原料中的抗营养因子和毒素也得以脱除。

挤压膨化机的运行操作参数有螺杆转速、加料器转速、原料物性、预调质后物料的状态、物料输送量和夹套加热温度等，它们都是一些相互关联的变量。与调质操作参数的选取一样，需对特定的机型和产品进行试验，从中获取优化的操作参数，以达到最经济的加工费用。挤压膨化机内的温度可达 120 ~ 200℃，压强可达数十个大气压。须注意，物料在挤压腔的高温区段不宜停留过长（应小于 20 S），以免一些热敏性的营养组分遭到破坏，在确定操作参数时也应考虑这一个重要因素。

物料通过成型模板后，压强骤降，存于物料中的水分迅速蒸发逸散，温度降低。熔融的糊状物形成凝胶状体并在其中留下许多空洞，将这种多孔状的膨化产品切段成粒后送入干燥、冷却系统。

挤出模孔后的物料，虽然伴随着蒸发和其后的带式输送过程可以除去部分水分，但实际含水量仍然较高（常高于 20%）。物料应干燥到什么程度才适宜储藏，这取决于储藏环境常年的相对湿度。干膨化饲料产品的实际含水量应低于 12%，可见挤出的膨化物料中尚有大量水分有待去除。目前，普遍采用连续输送式干燥机来烘干物料。加热介质为热风，当热风穿过输送带上连续输送的料层时，物料被加热，使其中水汽向加热介质扩散传递而失水，而加热介质携带大量水汽排出干燥器外。

热风的温度和流量应根据物料衡算和热量衡算的过程来求取。经验上，常取干燥的热风温度在 90 ~ 200℃为宜。

热风干燥过程使物料的温度随之升高，通常接近热风排出干燥机时的温度。然而，后续的油脂喷涂工段要求温度在 30 ~ 38℃为好。为使生产连续进行，干燥过后有必要采用强制冷却的措施。这个阶段主要目的是将原料进行调质，目前多采用通风冷却的方法。从提高热能利用率的角度出发，普遍采用干燥、冷却组合装置来完成干燥和冷却操作。空气在该机组中循环，冷风（或常温空气）通过料层在冷却阶段使物料降温的同时，自身获得所交换的热量而升温，将其部分送回至干燥段作为补充的加热介质，从而降低了干燥段所需的能耗。

为了避免部分细小粉粒被干燥冷却机组排出的废气带走，造成损失和环境污染，应在废气排出端安装旋风分离器，分离收回的细小粉粒送回调质器再行加工。由于膨化后的物料在干燥、冷却机组的滞留时间比较长（20 ~ 30 min），干燥冷却机组多采用连续输送的结构，以便节省机组的占地面积。

干燥冷却后的膨化颗粒料需经过筛理、将其筛下的细小颗粒送回膨化机再加工，筛上符合规格的颗粒送至喷涂机进行油脂、维生素、香味剂及色素的喷涂添加。喷涂机在前面已介绍。油脂在喷涂前的缓冲罐中应加热到60℃，采用定量泵控制油脂及其他添加剂的添加量。为使颗粒料涂布均匀，防止黏结和油脂在筒壁上固化，喷涂机旋转筒体后应设加热装置。经过喷涂，不仅补充了必要的饲料成分，其表面感观质量亦有明显提高，对鱼虾饵料也提高了抗水稳定性。喷涂后的膨化饲料成品再经称量包装即可入库储藏。

七、成品包装与输送工艺

成品处理工艺分为散装和包装两部分。

散装工艺为：散装成品仓→散装车→称量→发放。

自动秤包装工艺为：待打包仓→包装秤计量→灌仓机→缝口→输送设备→成品仓→发放。

采用人工操作时：套袋→放料称重→缝口。

散装成品仓容由散装成品占总产量的比例确定，待打包仓容量不少于生产线1 h的生产量，打包机的生产能力应略大于生产线的产能。

第三节　饲料厂工艺流程实例

一、时产5 t 配合饲料厂工艺流程

时产5 t的配合饲料厂工艺流程是采用先粉碎后配料、电子秤配料、分批混合的工艺方式，全程由电脑控制。

1. 原料初清系统

不同类型原料分别由人工投放进入两处料坑。主料（通常为玉米）提升后，经圆筒初清筛清除大杂后再次提升，进入立筒仓。副料（饼粕及粉状原料等）可经粗粉碎或直接提升，经筛理后进入待粉碎仓或配料仓。

2. 粉碎系统

立筒仓储藏的玉米经刮板机输送到提升机；饼状、块状原料先由对辊式破碎机进行粗粉碎后提升，提升后的物料经圆筒初清、磁选清除杂质后进入待粉碎仓。待粉碎仓共设3个，可用于需粉碎的不同原料缓冲供料，下方设变速螺旋喂料器以控制进入锤片式粉碎机的料流。粉碎的物料提升后经旋转分配器进入配料仓。

3. 配料计量系统

该流程共设 13 个配料仓，每个配料仓下方均配备变速螺旋喂料器。配料秤单批容 500 kg，配料的物料提升后进入卧式双螺带混合机。

4. 混合系统

混合机上方设人工投料口用于添加剂的投放，并有油脂添加系统。混合好的物料直接进入粉状成品料仓或待制粒仓，可减少分级现象。

5. 制粒系统

制粒机压制出的颗粒直接进入下方逆流式冷却器进行冷却干燥。冷却器下方设有碎粒机，根据需要对颗粒料进行破碎。颗粒成品或破碎料成品经提升后，由振动分级筛进行筛理，符合规格的进入成品仓，筛下物回流至制粒机。

6. 成品包装系统

成品仓下方设有自动计量打包装置，可按不同规格进行分装。

7. 通风除尘系统和供气系统

设有通风网络用于吸风除尘、粉碎机辅助出料及颗粒冷却干燥，供气系统提供各处气动闸门所需压缩空气。

二、时产4t高档对虾饲料厂工艺流程

水产饲料品种多，原料变化大，粉碎要求高、物料流动性差，而且加工工艺差别大。饲料厂可采用一次粉碎、一次配料混合的常规工艺进行原料预处理，辅以二次粉碎和二次配料混合进行成品后处理，从而有效地保证不同规格要求产品的高品质产出。

1. 原料清理与一次粗粉碎工段

根据水产饲料原料不同的物料性质，在原料库设置两条独立投料线，分别接收需进行粗粉碎或不需要粗粉碎的原料。两处投料口均采用独立的除尘系统以减少原料的交叉污染。一次粗粉碎可完成高档水产饲料生产中超微粉碎工序的物料前处理，减小物料的粒度差别及变异范围，保证产品质量的稳定。该工段设 2 个待粉碎仓和 1 套独立的粉碎机组，物料粉碎后经 8 工位分配器进入配料仓。

2. 一次配料与混合工段

共设 14 个配料仓，配备特殊仓底活化技术以有效防止粉料结拱现象，配料仓总仓容 120 m³。考虑到水产饲料加工中生产调度的复杂性，对本工段单批容量为 1 t 的一次混合机产能盈余系数大为提高，理论上 1 h 的混合能力可达到 10 t 以上，可有效保证后续设备满负荷工作。一次混合机上设置添加剂手工投料装置，增强了生产过程组织的灵活性，整个系统在特定情况下可加工高档硬颗粒鱼饲料。一次混合的物料经由刮板机和提升机进入二次待粉碎仓。

3. 二次（超微）粉碎与二次配料混合工段

本工段设 1 个待粉碎仓，其中的物料经 2 工位叶轮式分流器可分别同时进入 2 台超微粉碎机。二次（超微）粉碎工段采用连续粉碎的方式，可避免粉碎机进料伊始加速段和空仓等待时段的时间等候，减少后续设备空载运行时间，提高生产效率，降低成本。超微粉碎机与强力风选设备配套组合，配备分级方筛用于清理粉碎过程中粗纤维形成的细微小绒毛。

经二次（超微）粉碎进入二次混合仓的物料粒度为 60 目以上且密度较小，如果料仓结构设计不合理，容易出现结拱。为了杜绝这种现象发生，本工段采用偏心二次扩大料斗，并在下方采用设有破拱机构且可灵活调整流量的叶轮式喂料器，各种原料经二次配料后进入二次混合机。

二次混合机上方同样设有配备独立集尘回收装置的人工投料口，并设置 2 个分别用于水和油性液体混合物（如鱼油、卵磷脂等）的添加口。二次混合采用每批次 1t 的双轴浆叶高效混合机，均匀度达到 93% 以上。经二次混合的粉状虾料经提升、磁选后进入下一工段的待制粒仓。

4. 制粒成形与后熟化处理工段

本工段设 2 个配备破拱装置的待制粒仓，下为 2 台制粒机。物料经调质压制成颗粒后进入后熟化、干燥组合机，再以液压翻板逆流式冷却器进行冷却。经上述工艺处理后，物料中的淀粉熟化程度提高，蛋白质水解度增大，有利于水产动物对饲料养分的消化吸收，同时颗粒饲料的耐水性增强，延长喂食时间并减少水质污染的隐患。

5. 成品处理与打包工段

经冷却的物料提升进入 3 层筛网的平面回转分级筛：4 目筛上物为大杂，12 目筛上物为颗粒成品或需要破碎的颗粒半成品，30 目筛下物为细粉。分级筛下方所设 4 个料仓可作为颗粒料成品仓，成品料放出再经一次保险筛筛理进入自动打包装置称量装袋；也可作为待破碎仓起缓冲作用。破碎机上方配备变频无级调速的匀料装置，控制物料在全部作业长度适量、均匀喂料，保证破碎机产能的发挥。

经过破碎的物料可由 2 台旋振筛进行筛理分级：10 目筛上物回流重新破碎，16 目、20 目和 30 目筛上物分别作进入相应规格破碎料成品仓，30 目筛下物集中收集后可作为小宗原料搭配使用。破碎料最后经一次保险筛筛理，然后人工称量包装。

本工艺采用保险分级筛对成品料中的不合格碎粒机粉末进行控制，可保证虾的硬颗粒饲料成品装袋无尘，最大限度地减少浪费并控制水体的污染。

6. 电气控制系统

该厂所有设备电机采用电脑和 PLC（可编程逻辑控制器）结合，集中控制，电脑控制配料秤自动完成配料任务；中央控制室设置模拟控制屏监控所有设备的运行情况，部分设备同时设有现场控制柜，方便操作及检修。车间内电线、电缆均以桥架敷设。

三、时产 20 t 配合饲料厂工艺流程

时产 20 t 的配合饲料生产过程可灵活控制，满足粉状料、颗粒料、破碎料、膨胀料、膨胀颗粒/碎粒料、浓缩料等多类型成品生产所需。

1. 原料接收和清理系统

主料（通常为玉米）可由货运汽车上卸落料坑，提升后经圆筒初清筛清除大杂后再次提升，进入立筒仓。饼粕及粉状原料分别由人工投放进入两处料坑，经筛理后进入待粉碎仓或配料仓。

2. 粉碎系统

立筒仓储藏的玉米经下方刮板机输送到提升机；饼状、块状原料先由对辊式破碎机进行粗粉碎后提升。提升后的物料经圆筒初清筛、磁选装置清除杂质后进入待粉碎仓。待粉碎仓共设 4 个，可充分满足多种需经粉碎处理的原料暂存待用。两台锤片式粉碎机均设有变速螺旋喂料器以控制进入的料流，一台主要用于粉碎玉米，另一台粉碎其他原料，可充分发挥粉碎机生产能力。粉碎机采用负压吸风辅助出料，提升后经旋转分配器进入配料仓。

3. 配料计量系统

共设 20 个配料仓，下方均配备变速螺旋喂料器。设单批容量 2 000 kg 及 250 kg 的电脑控制自动配料秤各一台，分别称量大小不同配比的原料。经配料的物料直接进入单批容量为 2 500 kg 的卧式双螺带混合机。

4. 混合系统

混合机设有添加剂投放口和油脂添加系统。完成混合的物料经缓冲、提升、清理筛处理后可由旋转分配器分配至待制粒仓、粉状成品料仓或是散装成品料仓。

5. 成形系统

待制粒仓下方为膨胀器、制粒机以及冷却干燥设备组成的成形系统，可按不同组合方式生产 3 种成形饲料。生产颗粒料工艺流程为：喂料→调质→制粒→冷却，生产膨胀料工艺流程为：喂料→调质→膨胀→打碎→冷却。如果先对粉状成品料膨胀处理后再制粒生产膨胀颗粒料，工艺流程为：喂料→调质→膨胀→打碎→制粒→冷却。

成形饲料直接进入下方逆流式冷却器进行冷却干燥。冷却器下方设有碎粒机，有需要时可对颗粒料进行破碎。颗粒成品或破碎料成品经提升后，由振动分级筛进行筛理，符合规格的进入成品仓，筛下物回流至待制粒仓。

6. 成品包装系统

成品仓下方设有自动计量打包装置，可按不同规格进行分装。另设 2 个散装成品料仓，可直接发放成品到散装运输车。

第四章 饲料原料加工

第一节 饲料原料的接收

饲料厂规模较小时，常用汽车运输原料和成品。具有一定规模并有水运和铁路的条件，则应充分利用船舶和火车运输物料，以便降低运输费用。

原料的接收主要有各类输送设备（如刮板输送机、带式输送机、螺旋输送机、斗式提升机、气力输送机）以及一些附属设备和设施（如地中衡、储存仓及卸货台、卸料坑设施等）。接收设备应根据原料的特性、数量、输送距离、能耗等来选用。

一、原料的分类及特征

（一）原料分类

按加工特性可将饲料原料分为以下几大类。

颗粒状原料简称粒料，需要进行粉碎处理，如玉米、小麦等谷物。

粉状原料简称粉料，如油料饼（粕）、米糠、麸皮、次粉、鱼粉、石粉、磷酸氢钙等。

液体原料如油脂、糖蜜、氨基酸、酶制剂、维生素等。

饲料添加剂，这类原料品种繁多，价格昂贵，有的对人体有害，贮存及加工过程应严格按规章制度进行操作，避免混杂。

（二）原料特性

饲料生产设备选择及产品的加工、贮藏等与原料的流动性、密度和粒度等性质密切相关。

流动性，粒状和粉状物料统称粉粒体，其流动性常用静止角表示，即粉粒体自然堆积的自由表面与水平面所形成的最大倾斜角。理想粉粒体的静止角等于内摩擦角，流动性不良的粉粒体其静止角大于内摩擦角。

摩擦因数，粉粒体颗粒之间的摩擦为内摩擦，内摩擦力的大小由内摩擦角表示；粉粒体与各种固体材料表面之间的摩擦为外摩擦，外摩擦力的大小用外摩擦角表示，也叫自流角，即粉粒体沿倾斜固体材料表面能匀速滑动时，该表面与水平商所形成的最小角度；内、外摩擦因数分别为相应摩擦角的正切函数值。

体积质量，粉粒体自然堆积时单位体积的质量称为体积质量，与物料颗粒尺寸大小、表面光滑程度和水分等因素有关，对设计计算饲料加工、贮存所需的设备容积、仓容有重要影响，孔隙度，物料堆中孔隙总体积占总体积的百分数称为孔隙度，物料堆孔隙度大，空气流通性好，孔隙度小，空气流动性差，物料堆内部湿热不易散发而易发生霉变；粉粒体颗粒的粒度愈不均匀，则料堆的孔隙度愈小。

粉粒体的平均粒径和粒度分布称为粒度，常用筛分法进行测定。

分级，由于物料颗粒的相对密度、粒径及表面形状不同，在受震动或移动时，会按各自特性重新积聚到某一区域，这种现象叫自动分级。一般来说，大而轻的颗粒位于料堆上部或边缘，小而重的则在下部；当移动距离长、速度快时，自动分级严重。原料只是希望可以产生自动分级，而对混合后的粉状饲料及预混合饲料则尽可能地自动分级。

二、原料的接收

原料接收是饲料生产工艺的第一道工序，任务是将饲料厂所需的各种原料用一定运输设备运送到厂内，包括检验、计量、初清（或不清理）、输送入库存放或直接投入使用等作业单元，也是连续生产和产品质量的重要保证。原料供给不及时，则无法进行连续生产；原料不合格，将不能生产出优质产品。原料接收能力必须满足饲料厂的生产需要，并采用适用、先进的工艺和设备，以便及时接收原料，减轻工人的劳动强度、节约能耗、降低生产成本、保护环境。饲料厂原料接收和成品输出的吞吐量大，特别瞬时接收量大，所以饲料厂接收设备的接收能力应该大，一般为饲料厂生产能力的 3 ~ 5 倍。此外，原料形态繁多（粒状、粉状、块状和液态等），包装形式各异（散装、袋装、瓶装、罐装等），这给原料接收工作带来复杂性。因此，必须根据原料的品种、数量、性状、包装方式、供应情况、运输工具和调度均衡性等不同情况采取适当的接收、储存方式。

（一）原料接收注意事项

为了做好原料接收，应注意以下几点。

（1）原料接收，入厂前检验内容包括含水量、容重、含杂率、营养成分含量、有毒有害成分（如玉米黄曲霉毒素、重金属）含量等，以保证原料质量符合生产要求。

（2）计数称重，常用地中衡进行称重，以便掌握库存量和准确进行成本核算。

（3）打杂清理和粉尘控制，原料接收地坑（或下料斗）内应装设钢制栅网，以清除石块、袋片、长绳、玉米芯等大杂物，这样有利于防止设备堵塞、缠绕等事故发生。投料处粉尘较大，应设置风力较强的吸风装置，以改善工人的劳动条件。

（4）降低工人劳动强度，原料入仓应尽量采用机械化作业，大型饲料厂的大宗散装粉粒状原料入仓则最好采用自动控制系统。

（5）加强管理，各立筒仓应设料位器，液料罐应设液位指示器，筒仓应配备倒仓设备（防止物料过热变质）、料温显示器和报警装置。大型立筒仓须配备熏蒸设备和吸风设备，以防止结露。

总之，原料接收能力必须满足饲料厂的生产需要，并采用适用、先进的工艺和设备，以便及时接收原料，减轻工人的劳动强度，节约能耗、降低成本、保护环境。

（二）原料接收工艺

饲料原料有包装和散装两种形式。散装原料具有节省包装材料及费用、易于机械化作业等优点，因此，能散装运输的原料应尽量采用散装。原料运输方式和设备主要决定于饲料厂所处位置的交通条件和生产规模，饲料厂规模较小时，常用汽车运输原料和产品，汽车运输机动方便，但相对于水运和铁路运输成本要高。具有水运和铁路运输条件的饲料厂，应充分利用船舶和火车运输物料，以便降低运输费用。

（1）卡车散装原料，接收卡车散装原料可直接卸入卸料坑，由斗提机提升进入初清筛和永磁筒进行清理，经自动秤计量后再由斗提机提升，经仓顶水平输送机可进入任一筒仓。

（2）船舶散装来料接收，该系统的卸料设备多采用吸料机。和悬吊式斗提机，吸料机生产能力有 30 t/h、50 t/h、100 t/h 等规格。

（3）专用火车散装来料接收系统，散装料车常用 K20 粮食漏斗车，铁轨下为卸料斗，斗下设水平输送机，车厢内的原料卸下后由水平输送机输送进入斗式提升机进行接收。

（4）液体原料，有油脂、糖蜜及含水氯化胆碱，主要是油脂。配合饲料添加油脂，除能增加饲料能量外，还可以在加工过程中防止粉尘产生和物料分级，提高颗粒饲料生产产量和质量，降低电耗，延长制粒机模辊的使用寿命等。添加糖蜜除有与添加油脂同样的效果外，还可以改善粉状和颗粒状饲料的适口性，增加颗粒饲料的硬度。液体原料的接收和储存方式主要有桶装和罐装，桶装液体原料可直接堆放，罐装液体原料采用泵输入专用储罐备用。

（三）原料接收设备

原料接收设备主要有称量设备、输送设备及一些附属设备，饲料厂应根据原料的特性、输送距离、能耗和输送设备的特点来选定相应的设备。

1. 称量设备接收工序的称量设备

（1）地中衡，常用于原料和产品的计量，包括汽车载重、包重或运输载重小车；电子式地中衡的称量允许误值为 1/2000，目前多采用浅坑秤或无坑秤，由安装在地板上的电子负荷传感器进行称重，具有节省施工费用、容易改装、称量快、计量准确、可远距离操作管理等许多优点。地中衡的布置很重要，合理的布置可减少称量时间，增加车辆的通过能力。

（2）自动秤，由存料箱、给料装置、给料控制机构、称量计数器和秤体等组成，用于散装物料称重，物料进入料斗之后静止称重，能精确地称出物料的重量。该系统一般需要两个料斗，以保证整个进料周期流量始终均匀。

（3）电子计量枰，电子计量秤用于散装原料的称量，称量能力可达 20～60 t/h，精度为 0.2%。

2. 卸料坑原料由运输工具卸出

进入散装原料仓或者生产车间均需卸料坑，卸料坑分为深卸料坑和浅卸料坑，应根据当地地下水位、运输工具外形尺寸、卸料方式、物料体积质量和卸料量等进行设计确定，地下水位高的地区应考虑采用浅卸料坑。卸料坑壁面倾角要大于物料与坑壁的摩擦角，以便物料自流到坑底，其大小根据物料特性和坑壁光滑程度不同而异，粉料坑要求不小于 65°，粒料坑不小于 45°；卸料坑必须设置栅栏，它既可以保护人身安全，又可除去较大的杂质；栅栏要有足够强度，间隙约为 40 mm；卸料坑需配置吸风罩控制粉尘。

汽车、火车接收区是饲料厂的主要粉尘扩散源，必须采取防尘设施。可采取接料区全封闭或局部封闭的方法。采用全封闭，能保证在任何条件下均可有效控制粉尘；在风速有限或风小的地区，局部封闭也是可行的。

（四）输送设备

饲料生产过程中，从原料进厂到成品出厂以及各工序间的物料输送，都需要各种输送设备来完成，常用的有刮板输送机、螺旋输送机和斗式提升机等。合理、安全地选择、使用这些输送设备，对保证生产连续性、提高生产率和减轻劳动强度等都有着重要意义。

（五）料仓

原料及成品的贮存、加工过程中物料的暂存关系到生产的正常进行和经济效益。合理设计选择料仓必须综合考虑物料的特性、地区特点、产量、原料及成品品种、管理要求等多种因素，由此确定合适的仓型及仓容。根据在工艺流程中的作用，饲料厂的料仓可分为原料仓、配料仓、缓冲仓和成品仓四种。

1. 料仓类型

原料仓具有对散料进行接收、储存、卸出、倒仓等功能，起着平衡生产过程、保证连续生产、节省人力、提高机械化程度、防止物料病虫害和变质等作用。原料仓有立筒仓和房式仓（库）两种形式，实际生产中，袋装粉状原料与桶装液体原料一般在房式仓中分区存放，而大宗谷物类粒状原料则多以散装形式存于立筒仓中，小型饲料厂一般不设立筒仓，其各种原料均以袋装形式存于房式仓中。立筒仓常采用钢板和钢筋混凝土制作，钢板仓占地面积小、储存量大、自重轻、施工工期短、造价低，应用越来越广泛。仓筒截面形状有圆形、四方形、多边形（六边、八边）、圆弧与直线组合型等，大型钢板仓多采用圆形，发展最快的是镀锌波纹钢板仓。配料仓和缓冲仓等一般采用热轧钢板制成，成品仓主要采用房式仓。

2. 料仓容量

计算确定料仓容量的大小主要根据生产规模和工艺要求确定，合理确定仓容对确保饲料生产、节省投资意义极大。

原料仓容量取决于饲料生产规模、原料来源和运输条件等。一般主原料仓要考虑15～30 d的生产用量，辅料仓可考虑30 d左右的生产用量。由车间生产能力 Q（t/h）、某种原料的配方比例 P，（%）和储存时间 r（一般为 15～30 d），可求得某种原料所需仓容量 V 总仓为：

$$V_{总仓} = \frac{Q \times P_1 \times n \times T!}{K \times r}$$

式中，n 为每天作业时间，h/d；

r 为物料容重，t/m³；

K 为仓的有效容积系数，一般取 0.85～0.95。

房式仓仓容量 E 为：

$$E = TQ$$

式中，T 为库存时间，d；

Q 为饲料厂每天生产能力，t/d。

配料仓的仓容量可按 4～8 h 生产用量考虑，数量由配料品种多少决定，并考虑一定数量的备用仓，为确保布置整齐、美观，施工方便，配料仓的规格尺寸应保持一致，外形以方形为主。

缓冲仓分别有待粉碎仓、待制粒仓和混合机下方的缓冲仓等。一般待粉碎仓和待制粒仓容量按 1～2 h 的生产用量计算，混合机缓冲仓容量通常为混合机的一批混合量。

3. 料仓内物料的流动状态

根据粉粒体的流动特性，物料在仓内卸料时有几种不同的状态：物料流动性好、料仓结构合理则可能形成整体料流或称"先进先出"式，但在实际生产中常是漏斗状卸料，是"先进后出"式，粉状物料常会在卸料口发生结拱现象。

4. 料仓结构

料仓由仓体、料斗及卸料口组成，料斗与卸料口形状及位置的合理确定对防止结拱、促使物料形成整体流动起主要作用。料斗有多种形式（图 4-1），考虑到制造的方便性及应用效果，国内应用较多的为对称料斗、非对称料斗和二次料斗。

5. 料仓防拱与破拱措施

料仓的排料主要受物料特性、料仓结构及操作条件等因素影响，物料颗粒小、水分含量高、黏性大、料斗结构不合理等均会造成物料堵塞出料口，造成结拱，影响生产的正常进行。防止结拱和消除结拱的措施如下。

（1）采用合适的料斗形式，适当增大出料口的几何尺寸，增大料斗棱角，采用偏心出料口或二次料斗。

（2）料仓内设置的改流体料斗形式（图4-2）。

（3）采用助流装置卸料，如气动助流、振动器助流等，此外，还可在仓壁靠近出口处开一孔，结拱时用木棒等器具人工助流。

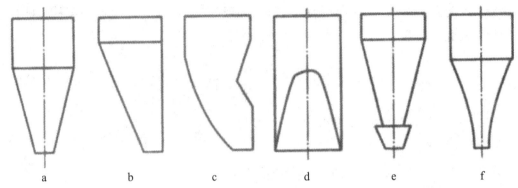

a. 对称料斗 b. 非对称料斗 c. 鼻形料斗 d. 凿形料斗 e. 二次料斗 f. 曲线料斗

图4-1　料斗的形式

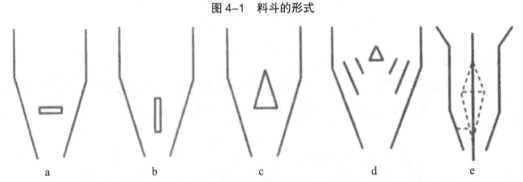

a. 水平挡板 b. 垂直挡板 c. 推体改流体 d. 倾斜挡板 e. 双椎体改流体

图4-2　改流体的形式

粉仓内物料容量的装置称为料位指示器，简称料位器，其作用是显示料仓的充满程度，包括满仓、空仓和某一高度的料位。料位器有阻旋式、薄膜式、叶轮式、电容式及电阻式等，薄膜式初期使用时性能可靠，但由于使用一段时间后薄膜材料老化，容易造成错误信号；使用较广泛的是阻旋式料位器。

旋转分配器是一种自动调位、定位并利用物料自流输入到预定部位的装置，主要用于原料立筒仓和配料仓的进料，由进料口、旋转料管、出料器、定位器、限位机构等构成。物料输送前，旋转分配器上的旋转料管转动，对准出料口，由进料口进入的物料自流至预定的料仓中，由此，可将物料按需要送入不同的料仓。

以计重的原料必须经过检查和抽样方能卸料和存入适当的仓位。采集有代表性的原料样本，送化验室作进一步分析。为了对原料的缺陷能够提出索赔，以及保证购进优质的原料，上述步骤必须严格遵循。原料接收工序最重要的检查是由接收中心操作人员（一般指原料库管员或原料质检员）进行感官检查。忽视对原料质量的要求，必将造成原料品质的下降和产品质量低劣的后果。饲料原料检验后，如果发现饲料原料存在缺陷必须采取有效的处置措施。

饲料原料接收所需的占地面积、场地设施和设备选型等取决于原料的种类和数量，需在饲料厂建厂过程中采用合理地规划和建设。

饲料原料接收管理计划是饲料厂物流管理日常工作的重要组成部分，任何饲料厂都要针对饲料原料的接收管理制订出工作计划。从事饲料原料接收管理与操作人员必须在工作中牢记工作计划，当生产条件和人员工作职责发生变化时，应该及时调整计划。生产条件下制定饲料原料接收调度与管理计划时应考虑下列因素：①接收饲料原料的种类；②饲料原料的类型和特性；③每天进厂并接收饲料原料的数量；④饲料原料的运输方式和运输规模；⑤饲料原料从订货到交货的时间间隔；⑥原料的预计用量等。制订有效的工作计划还需要考虑其他许多因素，计划中必须包含对原料的预测、订货和调度。饲料接收管理人员的职责是向原料采购员提供有关每日饲料原料的用量信息或一段时间后库存量的信息。这些信息可以通过定期的盘点库存或根据饲料产品配方分类统计，以及保持原料固定库存来完成。其中，配方分类的统计和保持固定库存可通过人工分类统计或计算机配料系统的分类统计而实现。

原料接收的质量检验原料验收人员必须了解饲料厂所需各种饲料原料的品质规格、质量标准，并依据品质检验项目要求通过身临现场的看、闻和用手接触刚进厂的饲料原料（即感官检验），实现观察结果与所需品质标准之间的感官检验；饲料原料验收人员必须自我管理及决定这些原料是否合格，并立即做出判决。因而，要求验收人员必须掌握工厂所需要购进的各种饲料原料的品质、决定能否接收的标准、针对不同等级所采取的应对措施和处置方法等。

原料质量验收的标准对原料质量有异议时，必须提出依据。最普通的方法是用实验室分析结果和感官检查结果作为依据。取样时进行感官检查可发现原料的大部分问题（如组织结构、气味等与要求不符、发霉、虫蛀与杂质）。对所有质量上的不足之处要迅速通知供应商，并马上要求提高原料等级，以保证今后的供货全面符合质量保证。什么情况下可以索赔，应当确定准则。在许多情况下，这些准则以众多的国家标准、行业标准、地方标准、双方均认可的合同内容或企业标准来规定。某些大型企业还有各种原料的企业内控标准。原料包装上附有产品标签，标明其质量标准，也可以作为验收时的质量标准。

饲料原料样品采集饲料原料的质量直接决定了各类饲料产品的质量，进厂饲料原料的检验对饲料产品质量至关重要。为保证接收原料的质量，已称重的原料必须经过抽样检查，合格后才能卸料和存入适当的仓位。样品采集是实现感官检查和实验室分析的第一步，也是最关键的操作工序。饲料原料接收过程中，对每一批进厂原料的取样目的是获取具有代表性的待检饲料样品，如果取样方法不正确，那么原料的检测结果就不可能正确，不规范的采样方法、样品不正确的处理方式以及随后实验室检测分析的失误都会导致错误的检验结果。接收原料的错误检验结果，对成品饲料质量和生产造成的危害程度比不做抽样检验的影响还大。所以，了解和掌握取样技术和程序是最终制定正确饲料产品配方的必要保障。原料的取样品生产实际情况密切相关，原料的类型和装运方式不同，取样的方法和程序亦相应不同。样品必须具有充分的代表性，化验的数据才具有可靠性。下文是几种样品的采样。

（1）大批量散装原料的采样。

①取样量至少为 1.5 ~ 2.5 kg；②全部样品必须随机地从原料储运卡车或大货仓的几个中心部位采集，即几何法采样；③为度量变异程度，建议重复测定样品。

（2）袋装原料的采样。

①用取样器取样，每次取样 0.5 kg；②如果每批原料中只有 1 ~ 10 袋，应从每一袋原料中取样；③如果每批原料中的袋数超过 11 袋，随机从其中 10 袋中取样；④至少检测来自 3 袋的样品并计算平均值。

（3）糖蜜和油脂等液体原料的采样。在糖蜜和油脂流经管道的固定部位连续取样，或用液体取样器从储运容器的核心部位取样。

原料接收时质量检验的内容进厂原料质量检验是饲料加工厂质量控制起点，是确保饲料产品品质的关键环节，进厂的每一批原料都要经过由专人负责的感官质量检验和实验室分析化验。

感官检验原料质量检测的第一步是查验原料感官指标，如水分、颜色、异味、杂质、特征与一致性，受热情况，生物污染破坏程度等。主要从以下几个方面检验：①色泽，应该是鲜明的典型颜色；②味道，一种独特清新的味道，无发霉或不佳的气味；③湿度，颗粒可以自由流动，无黏性和湿性的斑点，水分不超过有关质量标准；④温度，无明显的发热；⑤质地，适合生产需要的颗粒大小，无颗粒黏成一块的现象；⑥均匀性，颜色、质地和全面的外表等均匀一致；⑦杂质少，不含泥沙、黏质、金属物及其他不宜物质；⑧污染物，没有鸟类、兔、鼠或昆虫污染物；⑨标签，原料需与标签和货单上名称一样；⑩包装良好，没有破损，破裂袋子的数目必须极少。

分析检测指标感官检查质量之后，依据不同种类的原料确定具体的检测指标并进行实验室检测分析工作。化验分析分为常规分析和专项分析两种。目前饲料厂的常规分析有：水分、粗蛋白、粗脂肪、粗灰分、食盐及钙磷含量等项目。专项分析有测定微生物含量、微量元素含量及药物含量等，有些专项分析还需要借助专门的检测部门。对于细菌类、微生物类的化验，一般采用细菌培养和分离培养、生化试验、血清学鉴定等方式进行。如对饲料中沙门氏菌的检验，是评价饲料产品质量优劣的重要指标。化学检验还能测定鱼粉的质量，通过测定粗蛋白质、真蛋白质、粗脂肪、粗纤维、粗灰分和淀粉等指标来识别鱼粉是否掺假。谷物类原料一般要检验水分含量、等级、粒度、气味、颜色等项目；蛋白质类饲料要化验蛋白质、水分、粗脂肪、粗纤维、钙、磷和食盐的含量；糖蜜要测定糖度；脂肪要测定脂肪酸含量、酸价等。有条件的企业还要对抗营养物质进行测定，如测定大豆饼粕中的脲酶活力；矿物质中的铅、汞、氟等含量。原料检验报告应立即送交采购、质量保证等有关部门，并留存一定数量的样品，以备纠纷的仲裁。

原料接收的程序原料接收过程中的实际工作通常由一个人或几个人完成，他们的职责是保证所接收的饲料原得到最安全、最有效的处理。

散装原料的接收程序饲料原料接收员必须了解和掌握仓储存散装料种类，每个仓的容量大小，熟悉各种具体操作，将卡车或火车运来的散装料输入到合适的仓位。日常工作中，原料接收员每天必须了解每个仓装料的品种和装料量，了解到货和卸料计划，检查机械设备和安全装置的工作状态。

卡车散装饲料原料接收程序如下：

①称毛重，如有地磅，让卡车过磅；②移车，将卡车开到卸料区，若进入限制区或人身危险区，则用警告装置；③定位，用模块固定卡车轮并制动；④取样，观察卡车有无泄漏，取样以化验质量；⑤打开卸料门，采用适当而安全的方法开门；⑥执行安全卸料程序，了解和熟练掌握如何操作设备，卡车提升前关紧车门；监视原料高度，上下车使用安全梯；⑦清理，清扫卡车，并清扫卸料区；⑧结料，空车过磅，计算核实原料净重；⑨填写原料入库单据，完成各类项目的填写。

火车散装饲料原料接收程序如下：

①称毛重，如有轨道衡，过磅；②移车，将车厢安全地移至卸料坑。检查拖车器和缆绳的情况。如使用拖车器，则要响警钟，确认有人操作制动器，将车厢固定位置，在车厢上插一面蓝旗以提醒铁路员工警觉；③原料泄漏，检查泄漏迹象；④取样，取样以备化验质量；⑤执行安全卸料程序，用合适的工具开启漏斗闸门或箱车门。通过可靠的措施在箱车中固定卸料斜台；监视原料高度；正确操作卸料设备；⑥清理，检查箱车中衬垫后面有无原料。将散落物扫进坑，清扫周围场地；⑦结料，空车过磅、放行，计算卸料净重；⑧填写原料入库单据，完成各类项目的填写。

袋装饲料原料接收程序如下：

虽然有外国专家认为袋装料已不再是发展方向，但仍在饲料厂原料运输中广泛采用，特别是在中国各地。接收袋装料最普遍的方法是用叉车和木质或铁质货盘卸货。但在机械化程度较低的情况下，仍用手推车接收袋装料，甚至有的饲料工厂人工扛包卸料。

不管采用什么形式卸货，饲料原料接收人员应遵循下列程序。其中包括以下几点：

①称毛重，如有地磅，让卡车过磅；②移车，将卡车开到卸料平台，若进入限制区或人身危险区，则用警告装置；③验货，根据运货清单核实所订货物的品种和数量；④执行安全卸料程序，通过可靠的措施固定卸料跳板；用模块固定站台上的卡车，采用合适的提升方式；如果用叉车或手推车，要注意危险；⑤收货，签署货单前应核实数量，拒收破损或损坏的原料；⑥清理，清扫卸料区；⑦结料，如有地磅则空车过磅，结算净重；⑧填写原料入库单据，完成各类项目的填写。

在饲料原料的接收系统，必须对接收的所有原料登记记录。这些记录由接收操作人员保存。记录应提供的信息包括如下几点：

①货物和车辆的标识；②质量；③供货人姓名；④收货日期；⑤接收或拒收理由；⑥

收货人签字；⑦对药物和维生素预混料，要记录制造厂的批号和有效期；⑧接收原料的存放仓号或储存区域；⑨卸货的时间和顺序。

第二节　饲料原料的清理

一、原料清理的目的

饲料原料在收获、加工、运输、贮存等过程中不可避免地要夹带部分杂质，为保证饲料成品中含杂不过量，减少设备磨损，确保安全生产，改善加工时的环境卫生条件，必须去除原料中的杂质。

饲料厂常用的清理方法有以下几种：①筛选法，根据物料尺寸的大小筛除大于及小于饲料的泥沙、秸秆等大小杂质；②磁选法，根据物料磁性的不同除去各种磁性杂质；③根据物料空气动力学特性设计的风选法。

二、原料清理的筛选除杂

（一）栅筛和筛面

设于下（投）料口处的栅筛是清理原料的第一道防线，可以初步清理原料中的大杂质，保护后续设备和工人的安全。栅筛间隙根据物料几何尺寸而定，玉米等谷物原料为 30 mm 左右，油料饼（粕）为 40 mm 左右，同时应保证有一定强度，通常用厚 2 ~ 3 mm、宽 6 ~ 20 mm 的扁钢或直径 10 mm 的圆钢焊制而成，将其固定在下（投）料斗口上，并保证有 8° ~ 10° 的倾角，以便于物料倾出。在工作过程中，应及时清理栅筛清出的杂质。

冲孔筛通常是在薄钢板或镀锌板上冲出筛孔，筛孔有圆形、圆长形和三角形等形状，具有坚固耐磨、不易变形等优点。

编制筛面由金属丝或化学合成丝等编织而成，筛孔形状有长方形、方形两种。其造价较低、制造方便、开孔率大，但易损坏。

筛面的筛理能力由其有效筛理面积及开孔率决定，开孔率越大，筛理效率越高。筛孔合理的排列形式有利于提高开孔率，增大筛孔总面积。

（二）圆筒初清筛

圆筒初清筛主要用于粒状原料的除杂，由冲孔圆形（或方形）筛筒、清理刷、进料口及吸风部分组成。工作时，物料从进料口经进料斗落入旋转筛筒时，穿过筛孔的筛下物从出口流出，通不过筛孔的大杂，借助筒内壁的导向螺旋被引至进口通道下方，从大杂出口排出机外；清理刷可以清理筛筒，防止筛孔堵塞；吸风口可与吸风系统连接，防止粉尘外扬。圆筒初清筛具有结构简单、造价低、单位面积处理量大、占地面积小、易于维修、调换筛筒方便等特点，根据物料的性质选配适宜筛孔的筛筒，即可达到产量要求和分离效果。SCY 系列圆筒初清筛有 50、63、80、100 和 125 等几种型号，相应的产量分别为 10 ～ 20 t/h、20 ～ 40 t/h、40 ～ 60 t/h、60 ～ 80 t/h 和 100 ～ 120 t/h。

（三）圆锥清理筛

圆锥清理筛广泛应用于粉状原料的清理，如米糠、麸皮等，主要由筛体、转子、筛筒和传动部件等组成。筛体包括进料斗、筛箱、操作门、出料口和端盖等。原料从进料口进入圆锥筛小头内，通过筛孔由底部出料口排出，大杂由筛筒大头排出。

（四）振动筛

振动筛主要用于颗粒饲料分级，也可用来除杂。

（五）回转振动分级

筛回转振动分级筛用于饲料原料的清理，亦可用于粉状物料或颗粒饲料的筛选和分级，具有振动小、噪声小、筛分效率高、产量大等优点。

三、原料的磁选设备

在原料收获、贮运和加工过程中，易混入铁钉、螺丝、垫圈、钢珠和铁块等金属杂质，这些金属杂质如随原料进入高速运转设备（粉碎机、制粒机），将造成设备损坏，危害极大，必须予以清除。磁选器的主要工作元件是磁体，每个磁体有两个磁极，在磁极周围存在着磁场。任何导磁物质在磁场内都会受到磁场的作用磁化并被磁选器吸住，而非导磁的饲料则自由通过磁选器而使两者分离。磁选器有电磁选器和永久磁选器两种，饲料行业主要使用永久磁选设备。根据磁选设备结构的不同，饲料厂常用的磁选设备有简易磁选器、永磁筒和永磁滚筒。

（一）简易磁选器有篦式磁选器和永磁溜管

篦式磁选器常安装在粉碎机、制粒机喂料器和料斗的进料口处，磁铁呈栅状排列，磁场相互叠加，强度高。磁铁栅上面设置导流栅，起保护磁铁作用。当物料通过磁铁栅时，物料中的磁性金属杂质被吸住，从而可保护设备。该设备结构简单，但需要人工及时清理。

（二）溜管磁选器

它是将磁体或永磁盒安装在一段溜管上，物料通过溜管时铁杂质被磁体吸住。为了便于人工清理吸住的铁杂质，要安装便于开启的窗口并防止漏风。磁体安装时要求溜管有一定倾斜角和物料层厚度，最小倾斜角对谷物为 25° ～ 30°，粉料为 55° ～ 60°；物料层厚度对谷物为 10 ～ 12 mm，粉料 5 ～ 7 mm 物料通过速度为 0.10 ～ 0.12 m/s。

（三）永磁筒磁选器

永磁筒主要由内筒和外筒两部分组成，外筒通过上下法兰连接在输料管上，内筒即磁体，用钢带固定在外筒门上。物料经入口在永磁体四周形成较均匀的环形料层，其中的磁性金属杂质因被磁场磁化而吸附在永磁体周围表面上，物料则从磁场区通过由下端出口流出机外，从而达到清除磁性杂质的目的。清杂时，拉开筒门，将永磁体转至筒外，人工清理磁体表面吸附物。永磁筒磁选器具有结构简单、操作方便、安装灵活、除铁效率高（99%以上）、在饲料厂应用最为广泛。国产 TCXT 系列永磁筒有 20、25、30 和 40 等几种型号，产量分别为 10 ~ 15t/h、20 ~ 30t/h、35 ~ 50t/h、55 ~ 75t/h 和 80 ~ 100t/h。

（四）永磁滚筒磁选器

永磁滚筒的结构，由进料盛、压力门、滚筒、磁铁、机壳、出料口、铁杂出口和传动部分组成。工作时，物料从进料口进入，经压力门均匀地流经滚筒，铁杂被磁芯所对滚筒外表面吸住，并随外筒转动而被带到无磁区，由于该区磁力消失，铁杂自动落下，从铁杂出口排出，清理的物料则从出料口排出。永磁滚筒具有结构合理、体积小、除铁效率高、不需人工清除铁杂等优点，但价格较贵，与永磁筒相比，应用较少。

四、原料的清理工艺

按原料的清理工艺布置的场合，饲料厂的清理工艺可分为接收清理工艺和车间清理工艺。

（一）接收清理工艺

接收清理工艺是指在原料接收的同时对原料进行清理的工艺，一般用于立筒库原料进仓前的清理，以清理玉米为主。原料卸入卸料坑由栅筛对原料进行初步筛理，经斗式提升机提升后，由圆筒初清筛进行清理，清除大杂质。然后，由自动秤对原料进行计量并由输送设备送至立筒库贮存或直接进入主车间，立筒库中的原料在需要时可由立筒库下方的刮板输送机送入主车间参与生产。在接收清理工艺中，可不设磁选设备，因为原料中的细小磁性杂质进入立筒库没有多大危害，进入主车间后还会经过一道磁选。接收清理工艺生产能力大，要在短时间内处理大批量进厂的原料，各种设备均要满足这一要求，其生产能力不能局限于饲料厂的生产规模，而应比车间各生产设备的能力大得多，具体生产能力视饲料厂原料供应状况及一次进料数量而定。

（二）车间清理工艺

车间清理工艺布置在加工车间内，其作用是对投入生产流程的原料进行清理，有粒料清理线和粉料清理线。需要粉碎的粒状原料由人工（或机械）投入粒料斗，栅筛对原料进行初步清理，清除大杂。斗式提升机将粒料提升并卸入圆筒初清筛，清理杂质后的原料流经永磁筒清除磁性杂质,原料进入待粉碎仓。不需要粉碎的粉状原料由人工投入粉料斗(或从原料库由输送设备送来),同样,栅筛也对原料进行初步清理,斗式提升机将粉料提升后卸入圆锥粉料筛,大杂清除后的原料在去配料仓途中由磁盒进行磁选,清除磁性杂质。

第三节　饲料原料的粉碎

粉碎是固体物料在外力作用下,克服内聚力,从而使粒的尺寸减小、颗粒数增多、比表面积增大的过程。粉碎是饲料厂最重要的工序之一,它直接影响饲料厂的生产规模、能耗、饲料加工成本以及产品质量。粉碎可增大饲料的表面积,增加消化酶对饲料的作用面积,提高动物对饲料的消化速度和利精率,减少动物采食过程的咀嚼能耗;粉碎可改善配料、混合、制粒等后续工序的质量,提高这些工序的工作效率。

从应用效果来看,动物对饲料的消化率并非随粒度变细而相应提高,若粉碎过细则会引起畜禽呼吸系统、消化系统障碍;此外,粉碎过细,能耗大,成本高。因此,应根据不同的饲养对象和产品种类来确定合理的粉碎粒度。以使粉碎粒度达到合理的营养效果。

一、原料粉碎的方法和原理

(一)粉碎方法和原理

饲料粉碎是利用粉碎工具使物料破碎的过程,这种过程一般只是几何形状的变化。根据对物料施力情况不同,粉碎可分为击碎、磨碎、压碎和切碎等四种方法。

1. 击碎

击碎是利用安装在粉碎室内的工作部件(如锤片、冲击锤、齿爪等)高速运转,对物料进行打击碰撞,依靠工作部件对物料的冲击力使物料颗粒碎裂的方法。其适用性好、生产效率高、可以达到较细、均匀的产品粒度,但工作部件速度较快,能量浪费较人。锤片粉碎机、爪式粉碎机均利用这种方法工作。

2. 磨碎

磨碎利用两个带齿槽的坚硬表面对物料进行切削和摩擦而使物料破碎,即靠磨盘的正压力和两个磨盘相对运动的摩擦力使物料颗粒破碎。适用于加工干燥且不含油的物料,可根据需要将物料颗粒磨成各种粒度的产品,但含粉末较多,升温较高,这种方法目前在配合饲料加工中应用很少。

3. 压碎

压碎是利用两个表面光滑的压辊以相同的转速相对转动,依靠两压辊对物料颗粒的正压力和摩擦力,对夹在两压辊之间的物料颗粒进行挤压而使其破碎的方法。粉碎物料不够充分,在配合饲料加工中应用较少,主要用于饲料压片,如压扁燕麦作马的饲料。

4. 切碎

切碎是利用两个表面有锐利齿的压辊以不同的转速相对转动，对物料颗粒进行锯切而使其破裂的方法，特别适用于粉碎谷物饲料，可以获得各种不同粒度的成品，而且粉末量也较少，但不适于加工含油饲料或含水量大于 18% 的饲料。主要有对辊式粉碎机和辊式碎饼机。

实际粉碎过程中很少是一种方法单独存在，一台粉碎机粉碎物料往往是几种粉碎方法联合作用的结果，只不过某种方法起主要作用。选择粉碎方法时，首先要考虑被粉碎物料的物理特性，对于特别坚硬的物料，击碎和压碎方法很有效；对韧性物料用研磨为佳，对胶性物料以锯切和劈裂为宜。谷物饲料粉碎以击碎及锯切碎为佳，对含纤维的物料（如砻糠）以盘式磨为好。总之，根据物料的物理特性正确选择粉碎方法对提高粉碎效率、节省能耗、改善产品质量等具有实际意义。

（二）原料粒度测定及其表示方法

饲料粒度以平均粒径和粒度分布表征，是评价饲料粉碎质量的基本指标之一，主要采用筛分法进行测定，微量组分要求的粒度很小，需要用显微镜法测定。

筛分法是将按一定要求选择的一组筛子，从上到下按筛孔由大到小排列成筛组，将称好的一定量物料置于最上层筛上，摇动筛组进行筛分，当各层筛的筛上物不再变化时，称取每层筛的筛上物重量，在此基础上计算所测物料的粒度。用筛分法测定物料粒度，筛孔大小是关键，通常用"目"表示筛孔大小，"目"是指每英寸。长度组成筛孔的编织丝的根数，"目"数越高的筛子其筛孔越小。为了使用方便，将"目"圆整成相近的整数为筛号。

目前，我国饲料产品粒度测定应用最多的是三层筛法，科研中有时用十五层筛法。

1. 三层筛法

三层筛法是中华人民共和国国家标准《配合饲料粉碎粒度测定法》（GB 5917—1986）中规定的一种粒度测定方法。三层筛法使用的仪器有：按相应标准选定的三层编织筛（含底筛）、统一型号的电动摇筛机和感量为 0.01 g 的天平。三层筛法测定物料粉碎粒度，使用含底筛在内的三层筛，饲料的饲养对象不同，选用的筛号亦有所不同。综合了 GB 5915—1993 和 GB 5916—1993 两个标准对配合饲料粉碎粒度的要求。

2. 十五层筛法

我国的国家标准《饲料粉碎机试验方法》（GB 6971—1986）规定粉碎产品粒度测定采用此法。用 RO-Tap 振筛机筛分，套筛是直径 204 mm 的钢丝标准筛。十五层筛的筛号依次为 4、6、8、12、16、20、30、40、50、70、100、140、200、270 和底盘。筛分时，取试样 100 g，放在最上层筛子筛面上，然后开动振筛机，先筛分 10 min，以后每隔 5 min 检查称重一次，直到最小筛孔的筛上物重量稳定2(前后称重的变化为试样重的0.2%以下），即认为筛分完毕。十五层筛法的概率统计理论基础，是假定被测粉料的质量分布是对数正态分布。粒度大小以质量几何平均直径 Dgw 表示，粒度分布状况以质量几何标准差 Sgw

表示。

二、原料的粉碎工艺

粉碎工艺与配料工艺有着密切的关系，按其组合形式可分为先粉碎后配料和先配料后粉碎两种工艺；按原料粉碎次数又可分为一次粉碎工艺和二次粉碎工艺。采用哪种工艺流程取决于主要原料供应和生产规模。我国除小型机组外，多采用先粉碎后配料工艺流程。先粉碎后配料和先配料后粉碎均为一次粉碎工艺，所谓一次粉碎工艺就是采用一台粉碎机（用较小筛孔）将粒料一次性粉碎成配合用的粉料，该工艺简单、设备少，但成品粒度不够均匀、电耗高，前已介绍。为了弥补一次粉碎工艺之不足，可采用二次粉碎工艺，即在第一次粉碎后（采用较大筛孔的筛片）将粉碎物料进行筛分，对筛出的粗粒再进行一次粉碎，这种工艺的成品粒度均匀、产量高、能耗低，但要增加分级筛、提升机和粉碎机等设备，设备投资增加。二次粉碎工艺又可分为单一循环粉碎工艺、阶段粉碎工艺和组合粉碎工艺，在此重点介绍。

（一）循环粉碎工艺

循环粉碎工艺采用大筛孔筛片的粉碎机将原料粉碎后进行筛分，达到粒度要求的粉料直接进入下道工序，而留在筛上的粗粒再送回粉碎机进行二次粉碎，物料在粉碎系统内形成循环体系。与一次粉碎工艺比较，粉碎电耗较节省，因粉碎机采用大筛孔的筛片，重复过度粉碎减少，产量高、能耗少，设备投资也不高，仅需增加分级筛。

（二）阶段二次粉碎工艺

物料经分级筛筛理，满足粒度要求的筛下物直接进入混合机，筛上物进入第二台粉碎机，这样可减轻第一台粉碎机的负荷。经配有大筛孔的第一台粉碎机粉碎的物料进入多层分级筛筛理，筛出符合粒度要求的物料人混合机，其余的筛上物全进入第二台粉碎机进行第二次粉碎，粉碎后全部进入混合机。既减轻了第一台粉碎机的负荷，又兼有循环粉碎工艺的优点，大大提高了粉碎工序的工作效率。但增加设备较多，适合大型饲料厂。

（三）组合二次粉碎工艺

先用对辊粉碎机进行第一次粉碎，经分级筛筛分后，筛上物进入锤片粉碎机进行第二次粉碎。第一次粉碎用对辊粉碎机可利用其具有粉碎时间短、温升低、产量高、能耗低的优点；第二次采用锤片粉碎可利用它对纤维粉碎效果好的优点，克服对辊粉碎机粉碎纤维物料效果不佳的弱点，两者配合使用各发挥其长处，获得良好的效果。

三、粉碎设备

粉碎设备按机械结构特征的不同，可分为锤片粉碎机、爪式粉碎机、盘式粉碎机、辊式粉碎机、压扁式粉碎机和破饼机等几类。

（一）对粉碎机的要求

（1）粉碎成品的粒度可根据需要方便调节，适应性好。

（2）粉碎成品的粒度均匀，粉末少，粉碎后的饲料不产生高热。

（3）可方便地连续进料及出料。

（4）单位成品能耗低。

（5）工作部件耐磨，更换迅速，维修方便，标准化程度高。

（6）配有吸铁装置等安全措施，避免发生事故。

（7）作业时粉尘少，噪声小，不超过环境卫生标准。

（二）锤片粉碎机

锤片粉碎机结构简单、通用性好、适应性强、效率高、使用安全，在饲料行业中得到普遍应用，对含油脂较高的饼（粕）、含纤维多的果谷壳、含蛋白质高的塑性物料等都能粉碎，可以一机多用。

1. 结构锤片式粉碎机

结构锤片式粉碎机由供料口、机体、转子、齿板、筛片和操作门等组成。锤架板和锤片等构成的转子由轴承支承在机体内，机体安装有齿板和筛片，齿板和筛片呈圆形包围转子，与粉碎机侧壁一起构成粉碎室。锤片用销轴连在锤架板的四周，锤片之间安有隔套（或垫片），使锤片之间彼此错开，按一定规律均匀沿轴向分布。更换筛片或锤片时须开启操作门，筛片靠操作门压紧，或采用独立压紧机构。粉碎机工作时操作门通过某种装置被锁住，保证转子工作时操作门不能被开启，以防止发生事故。

2. 工作过程

粉碎机工作时，物料在供料装置作用下进入粉碎室，受高速回转锤片的打击而破裂，并以较高的速度飞向齿板和筛片，与齿板和筛片撞击进一步破碎，通过如此反复打击，物料被粉碎成小碎粒。在打击、撞击的同时，物料还受到锤片端部及筛面的摩擦、搓擦作用而进一步粉碎。在此期间，较细颗粒由筛片的筛孔漏出，留在筛面上的较大颗粒，再次受到粉碎，直到从筛孔漏出，最后从底座出料口排出。

锤片粉碎机的工作过程主要由锤片对物料的冲击作用和锤片与物料、筛片（或齿板）与物料以及物料相互之间的摩擦、搓擦作用构成。谷物、矿物等脆性物料，主要依靠冲击作用而粉碎。牧草、秸秆和藤蔓类等韧性物料则主要依靠摩擦作用及剪切作用等而粉碎。但不管哪种物料的粉碎，都是多种粉碎方式联合作用的结果，不存在只有单一粉碎方式的粉碎过程。

3. 锤片粉碎机分类

按粉碎机转子轴的布置位置可分为卧式和立式，通常锤片粉碎机为卧式，新研制出的立轴式锤片粉碎机具有很大的优越性，将可能取代现有卧式锤片粉碎机。

按物料进入粉碎室的方向，锤片粉碎机可分为切向式、轴向式和径向式三种；按某些部位的变异，又有各种特殊形式，如水滴式粉碎机和无筛粉碎机等。

（1）切向式粉碎机沿粉碎室的切线方向喂入物料，上机体安有齿板，筛片包角一般为180°，可粉碎谷物、饼（粕）、秸秆等各种饲料，是一种通用型粉碎机，广泛应用于农村及小型饲料加工企业中。

（2）轴向式粉碎机依靠安装在转子上的叶片起风机作用将物料吸入粉碎室，转子周围一般为包角360°的筛片（环筛或水滴形筛）。

（3）径向式粉碎机整个机体左右对称，物料沿粉碎室径向从顶部进入粉碎室，转子可正反转工作。这样，当锤片的一侧磨损后，通过改变位于粉碎室正上方的导料机构方向可改变物料进入粉碎室的方向，且转子的运转方向也发生改变，不必拆卸锤片即可实现锤片工作角转换，大大简化了操作过程，筛片包角大多为300°左右，有利于排料。

（4）水滴式粉碎机由于粉碎室形似水滴而得名，是轴向式粉碎机的一种变形，其筛片做成水滴形状，目的是破坏物料环流层，也可以提高粉碎效率、降低能耗。

（5）无筛式粉碎机内没有筛片，粉碎产品的粒度控制通过其他途径完成。

4. 锤片粉碎机的型号

标准锤片粉碎机的规格主要以转子直径 D 和粉碎室宽度来表示。目前，国产锤片粉碎机型号的标注方法有两类。

一是原农机部的规定，如 9FQ—60 型，9 表示畜牧机械类的代号，F 表示粉碎机，Q 指粉碎机切向进料，60 表示转子直径（以厘米为单位）；另一类是原商业部标准《粮油饲料机械产品型号编制方法》SB/T 10253—1995，如 SFSP112×30 型饲料粉碎机，第一个字母 S 表示专业名称为饲料加工机械设备，FS 为品种代号，规定用两个字母组成，选用品种名称中能反映特征的顺序二字的第一个字母，FS 表示"粉碎"，P 为型号代号，此处表示锤片，112×30 表示转子直径 × 粉碎室宽度（单位为厘米）（图 4-3）。

5. 锤片

锤片是粉碎机最重要也是最易磨损的工作部件，其形状、尺寸、排列方法、制造质量等对粉碎效率和产品质量有很大影响。

（1）锤片的形状和尺寸。目前应用的锤片形状很多（图 4-4），使用最广泛的是板状矩形锤片，它形状简单、易制造、通用性好，有两个销轴孔，其中一孔串在销轴上，可轮换使用四个角来工作。图 4-4 中 b、c、d 为工作边涂焊、堆焊碳化钨或焊上一块特殊的耐磨合金，以延长使用寿命，但制造成本较高。图 4-4 中 e、f、g 将四角制成梯形、棱角和尖角，提高其对牧草纤维饲料原料的粉碎效果，但耐磨性差，图 4-3 环形锤片有一个销孔，工作中自动变换工作角，因此磨损均匀，使用寿命较长。但结构复杂。图 4-4 复合钢矩形锤片是由乳钢厂提供的两表层硬度大、中间夹层韧性好的钢板，制造简单、成本低。

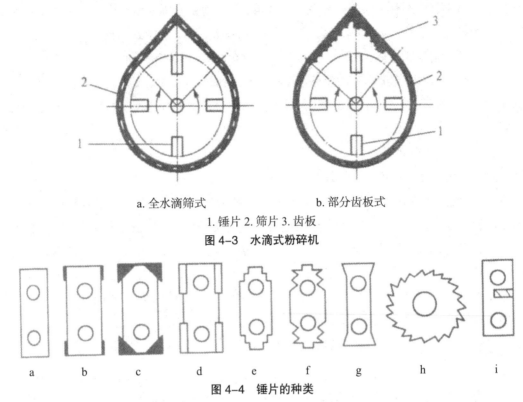

a.全水滴筛式   b.部分齿板式

1.锤片 2.筛片 3.齿板

图 4-3　水滴式粉碎机

a b c d e f g h i

图 4-4　锤片的种类

（2）锤片制造质量。主要体现在其材料、热处理以及加工精度上。目前国内使用的锤片材料主要有低碳钢、中碳钢、特种铸铁等，热处理和表面硬化能很好地改善锤片耐磨性能、延长使用寿命＝锤片是高速运转部件，制造精度对粉碎机转子的平衡性影响很大，要求转子上任意两组锤片之间的质量差不能超过 5 g。锤片出厂应以一套为单位，每次安装或更换锤片时应采用成套的锤片，不允许套与套之间随意交换。

（3）锤片的数量与排列。粉碎机转子上锤片的数量与排列方式，影响转子的平衡、物料在粉碎室内的分布、锤片磨损的均匀程度以及粉碎机的工作效率。

锤片的数量用单位转子宽度上锤片的数量（锤片密度）衡量，密度过大则转子启动转矩大、物料受打击次数多；密度过小则粉碎机的产量受影响。

（4）锤片线速度越高，对饲料颗粒的冲击力越大，粉碎能力越强。因此，在一定范围内提高锤片线速度可以提高粉碎机的粉碎能力。但速度过高，会增加粉碎机的空载电耗，并使粉碎粒度过细，增加电耗；且影响转子的平衡性能。所以，锤片的最佳线速度要根据具体情况而定，目前国内粉碎机锤片的线速度一般取 80 ~ 90 m/s。

6.齿板和筛片齿板

齿板和筛片齿板的作用是阻碍环流层的运动，降低物料在粉碎室内的运动速度，增强对物料碰撞、搓擦和摩擦的作用，对粉碎效率有一定影响，尤其对纤维多、韧性大、湿度高的物料作用更明显。筛片是控制粉碎产品粒度的主要部件，也是锤片粉碎机的易损件之一，其种类、形状、包角以及开孔率对粉碎和筛分效能都有重要影响，圆柱形冲孔筛结构简单、制造方便，应用最广；筛片的开孔率越高，粉碎机的生产能力越大；筛片面积大，粉碎后的物料能及时排出筛外，从而能提高粉碎效率；包角愈大，粉碎效率愈高，目前粉碎机筛片包角有 180°、270°、300° 等多种，粉碎机在使用孔径较小的筛片时，应尽量采用较大的筛片包角，从而提高度电产量和产品粒度均匀性。

7. 粉碎室结构形式和状态

（1）锤筛间隙。它指转子运转时锤片顶端到筛片内表面的距离，是影响粉碎效率的重要因素之一。锤筛间隙过大，外层粗粒受锤片打击机会减少，内层小粒受到重复打击，增加电耗；锤筛间隙过小，将使环流层速度增大，降低锤片对物料的打击力，且使物料粉碎后不易通过筛孔，微粉增加，电耗增加，效率降低，锤片磨损加快。我国推荐的最佳锤筛间隙（以表示）为：谷物 $\Delta R = 4 \sim 8mm$，秸秆 $\Delta R = 10 \sim 14mm$，通用型 $\Delta R = 12mm$。

（2）粉碎室内的气流状态。粉碎室内的气流状态对筛子的筛分能力有较大影响，可通过改变粉碎室结构、破坏环流层和选配适合的吸风系统来改善粉碎室内的气流状态。

8. 排料装置

排料装置必须及时把粉碎后符合粒度要求的物料排出并输送走，粉碎室产生一定负压，有利于排料和改善粉碎机的工作性能。排料方式主要有自重落料、气力输送出料、机械（加吸风）出料三种，饲料厂多采用机械出料，并增设单独风网，效果较好。

9. 常用的锤片粉碎机饲料

行业使用最多的是 9FQ 和 FSP（现改进为 SFSP）两大系列，特别是后者。现将几种主要的锤片粉碎机介绍如下。

（1）9FQ—60 型粉碎机。该机是 9FQ 系列五种粉碎机的最大机型，用于年生产5000 t、10 000 t 的饲料厂。外壳为箱式结构，转子的锤片有 4 组共 32 片，对称平衡排列，顶部进料，进料口安有磁铁，机体内有安全装置，转子可正反转，减少了更换锤片次数，使用维护方便。工作时，物料经顶部料斗喂入粉碎室后，受到高速旋转的锤片、侧向齿板和筛片的打击、碰撞、摩擦等而粉碎。粉碎后的物料在离心力和负压的作用下穿过筛孔，从出料口排出。该机曾是国内使用较多的机型，但有占地面积大、噪声高、过载能力不强等缺点，应用逐渐减少。

（2）FSP56×36（40）型粉碎机。可粉碎各种谷物饲料原料，为中型粉碎设备，适合于年产万吨级饲料厂使用。转子直径 560 mm，FSP56×36 型共有 4 组 20 块锤片，FSP56×40 型共有 4 组 24 块锤片，均采用对称排列方式，换向方便，减少了锤片换向的次数，转子平衡性能好，运转平稳，噪声相对较低。FSP 系列粉碎机技术参数。

（3）SFSP 系列粉碎机。SFSP 系列粉碎机是在 FSP 系列改进机型，结构合理、坚固耐用、安全可靠、安装容易、操作方便、振动小、生产率高。需粉碎的物料通过自动控制给料器由顶部进料口喂入，经进料导向板导向从左边或右边进入粉碎室，在高速旋转的锤片打击和筛片摩擦作用下物料逐渐被粉碎，并在离心力和气流作用下穿过筛孔从底座出料口排出。

（三）其他粉碎机

1.爪式粉碎机

爪式粉碎机又称齿爪式粉碎机，利用击碎原理进行工作，由于转速高，故又称为高速粉碎机。其功耗和噪声较大，产品粒度细，适应性广，最适合粉碎脆性物料，机型较小，多为专业户或小型机组采用，也可用作二次粉碎工艺的第二级粉碎机，或配置气流分级装置用作矿物的微粉碎机。爪式粉碎机正向多功能发展，亦用来粉碎秸秆、谷壳、中药材、焦炭、陶土、矿物、化工原料等。在预混合饲料前处理工段中，可用无筛网爪式粉碎机来粉碎矿物盐类的原料。

该机主要由机体、喂料斗、动齿盘、定齿盘、环筛、传动部分等组成。动齿盘上固定有 3 ~ 4 圈齿爪，定齿盘有 2 ~ 3 圈齿爪，各齿爪错开排列。工作时，物料借自重和负压进入粉碎室中央，受离心力和气流的作用，自内圈向外圈运动，同时受到动、定齿爪和筛片的冲击、剪切和搓擦、摩擦作用而粉碎，合格的粉粒通过筛孔排出机外；粗粒继续受到打击等作用，直到通过筛孔为止。我国爪式粉碎机已实行标准化，现有转子外径 270mm、310mm、330mm、370mm 及 450 mm 五种型号，其部分型号技术参数见表 4-1

表 4-1 技术参数

项目	型号	6FC-308	红旗-330	FFC-45	FFC-45A
转子外径（mm）		308	330	450	450
主轴转速（r/min）		4 600	5000	3 000-3 500	3 000-3 500
配套动力（kW）		5.5	7	10	10
外形尺寸（mm×mm×mm）		1 050×865×1204 185	420×570×1100 130	740×740×950 175	740×740×950 170
产量（kg/h）	玉米筛孔（mm）	150 0.8	525 1.2	300 1.2	550 1.2
	腾杆筛孔（mm）	80 2.0	200 ~ 250 3.0	300 3.5	290 3.5

2.辊式粉碎机

辊式粉碎机又称为对辊粉碎机。在饲料生产中用于谷物（多用于二次粉碎工艺的第一道粉碎工序）和饼（粕）粉碎、燕麦的压扁或压片以及颗粒饲料破碎等。辊式粉碎机由机架、喂入辊、两个磨辊、清洁刷及其调节机构、传动机构等组成，上辊为快辊，下辊为慢辊，同清洁刷调节机构相连，其轴承可移动以调节两辊间隙（轧距）；并装有减震器，以保证轧距的稳定。辊可根据用途制成各种齿辊（含光辊），辊径、辊长、齿形及其尺寸对粉碎机工作性能有很大影响，由粉碎工艺要求而定。原料经喂入棍形成薄层导入磨辊工作间隙，经碾压、剪切等而粉碎，粉碎后的物料落入下方排出。辊式粉碎机具有生产率高、能耗低、粉尘少、粒度较均匀、温升低、水分损失少、噪声小、调节和管理方便等优点，与锤片粉碎机配合作为二次粉碎工艺的第一道粉碎工序，使用日趋广泛。

3. 碎饼机

碎饼机用于破（粉）碎油饼，常用的有锤片式和辊式饼类粉碎机两类，目前多采用辊式粉碎机将饼料破碎成小块，再用锤片粉碎机粉碎成所要求的粒度。但随着制油工艺技术的发展，生产的油料饼越来越少了，碎饼机在饲料工业中的应用已不多见。辊式碎饼机有单辊和双辊两种类型。

（1）单辊碎饼机。由喂入板、轧碎辊、齿板、击碎辊、圆孔筛片等组成，饼块从喂入板进入轧碎室，受到轧辊上单螺旋排列的刀齿切割、挤压而破成小块，随后在击碎室内由击碎辊以更高的速度进一步击碎，通过筛孔排出。

（2）双辊碎饼机。工作部件是一对异步反向的齿辊，由许多星形刀盘和间隔套交替地套在方轴上，使一辊的刀盘恰好对着另一辊的间隔套。工作时，饼块从顶部喂入，受到有转速差的对辅盘的剪切、打击、挤压而碎成小于 60 mm 的碎块。

4. 微粉碎和超微粉碎

微粉碎和超微粉碎机预混合饲料生产对物料粒度要求更细，载体粒度需在 30 ~ 80 目，稀释剂为 30 ~ 200 目，矿物微量元素则要求在 125 ~ 325 目，水产饲料也要求有较细的粉碎粒度。因此，需要采用微粉碎机和超微粉碎机来达到目的。

微粉碎和超微粉碎实质包括粉碎和分级两道工序，粉碎前已叙述，分级和分离是将符合粒度要求的粉碎物料及时分离出来。微粉碎机和超微粉碎机常采用分级机来分级，有多种组合方式，可以是粉碎（磨碎）机与分级器设计成一整体，也可由两种设备组成一个系统。

（1）分级机。主要由给料管、调节管、中部机体、斜管、环形体以及叶轮等构成。工作时，物料由微粉碎机进入机内，经过锥形体进入分级物料出口区。调节叶轮转速可调节分级粒度。细粒物料随气流经过叶片之间的间隙向上，经细粒物料排出口排出，粗粒物料被叶轮阻留，沿中部机体的内壁向下运动，经环形体和斜管从粗粒物料排出口排出。上升气流经气流入口进入机内，遇到从环形体下落的粗粒物料时，将其中夹杂的细粒物料分离出，向上排送，以提高分级效率。微细分级机分级范围广。纤维状、薄片状、近似球状、块状、管状等物料均可进行分级，分级精度较高。

（2）SFSP 系列锤片微粉碎机。其结构和工作原理与 SFSP 系列锤片粉碎机基本相同，主要应用于粒料的微粉碎加工，适用于鱼用水产饲料厂和预混合饲料厂的载体微粉碎，其压筛机构独特、简单，可快速更换筛片，供料量、风量和成品粒度可调，调节方式可变，适应性广。可采用直径 0.6 mm、0.8 mm、1.0 mm、1.2 mm 和 1.5 mm 孔径的筛片，与 XSWF 系列微细分级机配套使用，物料细度在 60 ~ 200 目可调。

（3）DWWF2000 型低温升微粉碎机组。该机由销棒式风选微粉碎机、供料装置、分级器、刹克龙、布袋过滤器、电控柜等组成。原料经螺旋供料器喂入微粉碎室内进行粉碎，粉碎物料风运至分级器分成粗细两级；粗粒自分级器回落至螺旋供料器中重新进入粉碎机内粉碎，细粒从分级器进入刹克龙沉降排出即为合格成品。该机粉碎时物料温升低、供料量、风量和成品粒度可调，调节方便可靠，适应性广，分级准确。

（4）球磨机。主要工作部分为一个回转的圆筒，靠筒内研磨介质（如钢球）的冲击与研磨作用而使物料粉碎、研磨，其生产工艺流程见。球磨机适应性强，粉碎比可达300以上，产品粒度调整方便，结构简单坚固，但笨重、效率低、噪声大。在矿物饲料原料生产中，也采用小型球磨机，小型球磨机为分批式，称间磨，每次向磨机内加入一定数量的物料就开动磨机，约经 1 h 研磨，停机并卸出磨好的物料，再重新开始下一批物料研磨，间歇球磨机设备投资少，操作维护简便，但产量低、能耗高、耗工费时，粉尘也较大。

（5）雷蒙磨又称辊磨。物料从机体侧面由给料器、溜槽喂入机内，在辊子与磨环之间受到碾磨。气流从返回风箱、固定磨盘下部以切线方向吹入，经辊子与磨盘间的研磨区，夹杂粉尘及粗粒向上吹动，排入置于雷蒙磨上的分级器中。分级使用叶轮型分级机（选粉机），叶轮可使上升气流做旋转运动，将粗粒甩至舱层，而后落至研磨区重新磨碎，整个系统在负压下工作。雷蒙磨粉碎分级系统不仅具有粉碎作用，对于密度、硬度不同的矿物杂质还有一定的分选作用。雷蒙磨具有性能稳定、操作方便、能耗较低、产品粒度调节范围大等优点。

（6）卧轴超微粉碎机。在粉碎同时实现物料分级，并具有清除杂质的作用。用来粉碎的原料应粗碎至 5 mm 以下，物料进入粉碎室后，在粉碎 I 室形成风压产生的循环气流作用下，与物料一起旋转，物料颗粒之间、物料与机体内壁产生冲击、碰撞，并伴随有剪切、摩擦；面粉碎 II 室由于有气流阻力，旋转的物气混合体发生变化，物料在继续细化的同时伴有分级；最有效的粉碎出现在两个粉碎室之间的滞流区。超微粉碎机广泛用于颜料、涂料、农药、非金属矿及化工原料等的微粉碎。

（7）循环管式气流磨。它是依据冲击原理、利用高速气流进行物料粉碎及自动分级的一种粉碎装置，其下部是粉碎区，上部为分级区。粉碎区内的气流喷嘴保证气流轴线与粉碎室中心线相切，工作时，物料经给料斗进入粉碎区，气流经喷嘴高速射入粉碎室，使物料颗粒加速，形成相互间的冲击、碰撞；气流旋流夹带被粉碎的颗粒沿上升循环区进入分级区，使颗粒料流分层，内层的细颗粒经排料口排出，外层的粗颗粒重新返回粉碎区，与新进入的物料一起参与下一循环的微粉碎。

第四节　饲料原料的制粒与膨化

一、原料的制粒原理及分类

利用机械将粉状配合饲料挤压成粒状饲料的过程称为制粒。与粉状饲料相比，颗粒饲料具有营养全面、易消化吸收、动物不易挑食、采食时间短、易于贮存和运输、不会自动分级、改善适口性等显著优点，并可减少饲料中的抗营养因子和杀灭饲料中的有害微生物；但制粒湿热，高温过程也会使饲料中的热敏性物质（如酶制剂、维生素等）活性部分丧失。一个完整的制粒成型工序包括粉料调质、制粒、制粒后产品稳定熟化。冷却（有时需要干燥）、破碎、分级、液体后喷涂等。实际生产中，应根据饲料品种、加工要求进行不同的组合，设计出合理的加工工艺和选用相应的设备，使颗粒饲料的外观品质和产品质量均符合要求。

（一）制粒原理

型压式制粒机是依靠一对回转方向相反、转速相同、带塑孔（穴）的压辊对物料进行压缩而成形。

挤压式这种制粒机是用通孔的压模或模板、压辊（或螺杆）将调质后的物料挤出模孔，依靠模、辊间和模孔壁的挤压力和摩擦力而使物料压制成形。目前应用最广泛的环模、平模和螺杆式制粒机都是依据此原理进行设计的。

自凝式主要利用液体的媒介作用，颗粒自行凝聚而成。常用于加工鱼虾饲料微粒产品。

冲压式利用往复直线运动的冲头（活塞）将粉料在密闭的槽内压实而成型。适用于牛、羊用的块状饲料。

（二）颗粒饲料分类

根据加工方法与加工设备的不同，颗粒饲料可以分为以下几类。

（1）硬颗粒。应用最为广泛，饲料大多为圆柱体或不规则体，用挤压方法加工，由于配方和压制条件的不同，硬颗粒饲料的比重在 1.1 ~ 1.4 内变化。

（2）软颗粒。指水分含量在 20% ~ 30% 的颗粒料，需要用特殊的方法才能保存。目前主要用于养殖场的现场加工后直接投喂。

（3）块状物。用挤压方法将纤维含量较高的牧草制成块状物，或者用特定的模型将一些物质制成块状物，如用于反刍动物的食盐舔砖。

（4）团状物。用混合均匀的粉末饲料加液体进行调制而成的团状物，含水率在 30% 左右，一般现场加工后直接使用，主要用于特种水产饲料。

（5）微颗粒。饲料粒度在 1.0 mm 以下，在水产养殖业中应用较多。一般是通过破碎方法来获得，但生产效率极低，产品营养成分与配方产生差异，同时粒度不规则。开发营养均一的微细颗粒生产技术，是现代水产饲料加工技术发展的一个新热点。

（三）制粒机分类

制粒机根据压模形式可分为环模制粒机和平模制粒机。环模制粒机的粉状物料不受制粒机结构限制，理论上制粒机产量和环模可以无限大；而平模制粒机的粉状物料受离心力的影响，压模的直径不能过大，产量受到限制。从设备的主轴设置方式可分为立式制粒机和卧式制粒机，平模制粒机大部分为立式，而环模制粒机大部分为卧式。从辊模运动特性可分为动辊式和动模式制粒机，环模制粒机大部分为动模式，而立式制粒机多为动辊式。

二、颗粒饲料生产工艺

颗粒饲料生产工艺由预处理、制粒及后处理 3 部分组成。粉料经过调质后进入制粒机成型，饲料颗粒经冷却器冷却；若不需要破碎，则直接进入分级筛，分级后合格的成品进行液体喷涂、打包，而粉料部分则重新回到制粒机再进行制粒；如需要破碎，则经破碎机破碎后再进行分级，分级后合格成品和粉料处理方法与上述相同，粗大颗粒则再进行破碎处理。在设计制粒工艺时，必须注意配置磁选设备，以保护制粒机。待制粒粉料仓至少应设置两个，以免换料时停机。

三、饲料的制粒设备

制粒设备系统包括喂料器、调质器和制粒机。

（一）喂料器

喂料器的作用是将从料仓来的粉料均匀地供入调质器，其结构为螺旋式。在一定的范围以内，螺旋喂料器可进行无级调速，以调节粉料的输入量，调速范围为 17 ~ 150 r/min，一般为 100 r/min 左右。

（二）调质器

调质有制粒前调质和制粒后调质（稳定化）两种，调质设备有多道调质器、熟化罐、差速双轴桨叶式调质器、膨胀调质器、颗粒稳定器（颗粒熟化器，是一种制粒后熟化调质）等。

1. 调质的作用

制粒前对粉状饲料进行水热处理称为调质。调质具有以下作用：使原料中的淀粉熟化，蛋白质受热变性，提高饲料可消化性，提高颗粒耐水性，破坏原料中的抗营养因子和杀灭致病菌，降低制粒能耗，延长模、辊寿命。

2. 调质要求

调质是饲料制粒前后进行水热处理的一个过程，它综合应用了水、热和时间关系，是一个组合效应，其关键是蒸汽质量和调质时间。为提高调质粉料的温度，加入的蒸汽最好是饱和蒸汽；调质时间根据颗粒加工要求确定，要达到充分调质，必须选择相应的调质设备。

3. 调质设备

调质器的作用是将待制粒粉料进行水热处理和添加液体原料，同时具有混合和输送作用。目前，已研发了多种新型调质器，简介如下。

（1）单轴桨叶式调质器。它是国内外饲料加工中使用最早、最广的调质器。粉料在调质器内吸收蒸汽，并在桨叶搅动下进行绕轴转动和沿轴向前推移两种运动。目前，单轴桨叶式调质器有效调质长度一般为 2 ~ 3 m，物料调质时间 10 ~ 30 s，调质作用力相对较弱。

（2）多道调质。这种调质方法主要是通过延长调质时间来提高调质效果，即采用 2 个或 3 个双层夹套调质器有序组合，使粉料在调质器内的调质时间延长，同时在夹套内通入蒸汽，对粉料进行加热，提高粉料的温度，使粉料的淀粉糊化率和蛋白变性程度提高，颗粒内部的黏结力加强，既提高了颗粒在水中的稳定性。又提高了饲料的消化率。大多数水产饲料厂采用这种方法。

（3）双轴桨叶式调质器。它是一种新型调质器，其结构形式有 3 种类型，即不同直径上下布置调质器、同直径水平布置调质器和不同直径水平布置差速调质器。在调质过程中物料可以大部分相互渗透混合，从而延长调质时间，提高液体、油脂的吸收量和淀粉糊化程度，平均滞留时间可达 45 s，淀粉糊化度为 200 A ~ 25 N。搅拌桨叶反向旋转、同向推进，转速相同（转速 >100 r/min）。

（4）熟化调质器。原料进入熟化调质器后，在里面停留 20 ~ 30 min，一般情况下，蒸汽和液体在前道桨叶式调质器中添加，由于物料在熟化调质器内停留的时间较长，因此，液体成分能有充足的时间渗透到物料中去，在这种系统中可添加糖蜜最高达 25%、脂肪最高达 12%，最高调质温度可达 100°。同时在调质器的底部通入冷水或热空气，可起到冷却和干燥的作用。

（5）颗粒稳定器。颗粒饲料后熟化调质器是置于颗粒制粒机成型后的一种后熟化设，又被称为滞留器、后熟化器、颗粒稳定器等。其主要功能是：在生产特种水产颗粒饲料时（尤其是虾饲料），为了延长颗粒饲料在水中的稳定性和提高饲料的消化率，利用颗粒饲料出模时的热量，再通过添加有限量的雾化蒸汽增湿，将颗粒在容器内保温稳定一定的时间，使颗粒饲料中的淀粉进一步糊化，达到热量渗透和平衡，使颗粒的毛细孔缩小，表面更为光洁，从而达到熟化调质的目的。主要结构是带蒸汽盘管加热夹套保温的方形料仓，仓内顶部设有蒸汽喷雾环。

（三）环模制粒机

环模制粒机应用最为广泛。不同类型的环模制粒机，尽管其传动方式和压辊数量不同，但成型的工作原理是一样的。粉料在温度、水分、作用时间、摩擦力和挤压力等综合因素的。作用下，使粉粒体之间的空隙缩小，形成具有一定密度和强度的颗粒。

1. 结构环模制粒机

结构环模制粒机由料斗、喂料器、保安磁铁、调质器、斜槽、门盖、压制室、主传动系统、过载保护装置及电器控制系统等几个部分所组成。

2. 压模

压模是制粒机将粉状物料压制成型的主要部件之一，其作用是将粉料强烈挤压通过模孔而成为颗粒，压模必须具有较高的强度与耐磨性。

（1）模孔直径典型的制粒机，压模的模孔直径范围为 1.5 ～ 19.0 mm。模孔直径的选择应根据养殖动物对饲料的粒径要求而定。模孔直径大，产品成型容易，质地较软，产量大而动力单耗小；反之，模孔直径越小，挤压产品越困难，颗粒硬度与动力消耗就越大。由于机械加工技术因素的限制，目前用于水产颗粒饲料生产的压模最小孔径为 1.0 mm 考虑生产成本和产量，低于 1.5 mm 的颗粒通常用破碎方式或特殊生产工艺来完成。

（2）压模厚度和有效工作长度颗粒饲料加工中对饲料起实际作用的压模厚度和有效工作长度越长，则物料在模孔中受恒压作用时间越长，物料压实紧密，产品物理质量好，但生产量会变小，生产耗电量增加；厚度大的压模，其强度高。刚性大，同时，压模厚度又与压模的孔径有关。模孔有效工作长度与模孔直径之比称为长径比，成形时需选择最佳的长径比。长径比确定根据饲料配方和原料品质不同有所不同，尤其应注意饲料中添加油脂的含量，一般比值范围为（8 ～ 22）∶ 1，常用值 10 ∶ 1、14 ∶ 1、16 ∶ 1、18 ∶ 1、22 ∶ 1 等。

（3）压模开孔率是压模的关键指标，开孔面积越大，颗粒机的生产率越高，压模的开孔率与压模的材质和强度、模孔直径大小、开孔技术等密切相关。为了使压模有更高的强度，开孔率应适度。

（4）压模材料与使用寿命、生产量、产品质量和生产成本密切相关，压模材料选择主要考虑耐磨性、耐腐蚀性和韧性。环模材料分中碳合金钢和不锈钢两大类，中碳合金钢刚度和韧性都比较好，具有良好的耐磨性，使用寿命较长。合金钢压模较不锈钢和高铬钢压模便宜，节约生产成本。压模的质量除了材质之外，还与热处理的方法有关，其热处理方法有真空淬火、渗碳硬化等方法。

（5）压模转速为了获得较高的生产率，应尽可能地提高制粒机的压模速度。制粒机压模转速受多个方面因素的限制，包括颗粒的大小、颗粒出来后的冲击速度和产品品种等。

（6）压模与压辊的间隙制粒是通过压模与压辊的配合完成的，辊模间隙是很重要的参数，可由操作人员依靠经验完成。间隙过小，会加剧辊模的机械磨损；间隙过大，易造成物料在辊模间打滑，影响制粒产量与质量。辊模间隙一般为 0.1 ~ 0.3 mm。

（7）压辊是与压模配合，将调质后的物料挤压入模孔，在模孔中受压成形。压辊应有适当的密封结构，防止外物进入轴承；环模压粒机内的压辊大多数是被动的，其传动是压模与压辊间物料的摩擦力，压辊表面应能提供最大的摩擦力，才能防止压辊"打滑"和进行有效的工作。

（8）切刀可将模孔挤出的颗粒截割成所要求的长度。每个压箱配备一把切刀，固定的方法有两种：小型制粒机多固定在压模罩壳上，大型制粒机参固定在机座上，方便切刀的调整。切刀与压模外表面的间距，可根据产品要求的长度进行调节。

（9）安全装置制粒机属于价值较高的设备，为保护操作人员和设备运行的安全，在制粒机设计时应考虑安全装置，主要有保护性磁铁、过载保护和压制室门盖限位开关。当粉料中混有磁性金属时，会对制粒机的压辊和压模造成损害。调质室与下料槽之间安装保护性磁铁，可减少磁性杂质的破坏。安全销固定在原静避的釜轴与机座上，当压辅与压模之间有异物进入时，压模在外界的动力作用下带动压辊旋转；从而折断安全销，触动行程开关切断主电机电源。摩擦式安全离合器的工作原理是当环模与压辊间进入异物出现超负荷状态时，则主轴带动内摩擦片，克服其额定摩擦力转动，同时与主轴连接的压盖径向凹槽触动行程开关，切断主电机电源。上述两种装置的应用能保证制粒机其他零部件不受损坏，起到了过载保护作用。制粒机压模在旋转时，如打开压制室门盖，有可能发生人身伤亡事故，为保证制粒工的安全或维修工维修时不发生事故，在支座与门盖的结合处装上限位行程开关，当门盖打开时，则制粒机的全部控制线路断开，制粒机无法启动，保证工作人员人身安全。

（10）传动装置制粒机的主传动采用电动机连接齿轮的单速传动，或采用皮带传动。

（四）平模制粒机

平模制粒机与环模制粒机挤压成形的原理相似，其区别是：平模制粒机的主轴为立式、压模形式为平模，压辊个数较多（4 ~ 5 个）。受结构限制，单台制粒机的生产量不人。平模制粒机的类型有动辊式、动模式以及动辊动模式（辊模的转速不一样），目前生产上主要应用动辊式平模制粒机。

平模制粒机结构简单，设备投资低，压辊个数多，调节压辊方便，可以采用大直径压辊，压模的强度与刚性较好，有利于挤压成形，挤压过程中具有碾磨性，原料粒度适用范围广，压模的利用程度高，可以双面使用。但物料容易产生"走边"的现象，造成物料在压模上均匀分布较为困难，目前主要在小型饲料厂应用。

微小颗粒加工系统低温挤压过程是用低剪切力（挤压温度）将粉状混合物调质（水分28% ~ 32%、油脂添加量可达 18%）、挤压成股状物，然后这些股状物进入球形化机（一个可精确剪切的同轴波纹旋转盘），将其破碎为大小合适的凝聚物，通过流化干燥、冷却、过筛为成品（成品率达 95%）。用这种方法可制成高质量水产开食饵料。

四、饲料制粒后处理设备

刚制粒成型的颗粒饲料温度高、水分高、含有部分粉料，需经后熟化、冷却、破碎、分级、后喷涂等一系列后处理工序才能成为合格产品。

为保证颗粒饲料的后续输送和贮存，必须对热颗粒进行冷却，去除颗粒中部分水分和热量，对于水分含量较大的颗粒饲料，有时还需要进行干燥处理。颗粒冷却器是保证颗粒质量的重要设备，与颗粒冷却效果相关的有原料配方、颗粒直径、冷却器的结构、环境条件和冷却器运行参数的选择等因素，尤其是冷却器参数的选择更为重要。目前在颗粒饲料生产中应用的冷却器主要为立式逆流冷却器和卧式冷却器。

颗粒冷却要求将颗粒温度降至比室温略高的程度（不高于室温6℃），水分降至12%～12.5%，应正确地掌握冷却速度，不能急速冷却颗粒表面，而要保证整个颗粒均匀冷却。如颗粒饲料中油脂含量高，应相应延长冷却时间或加大冷却器生产量。

影响颗粒饲料冷却效果的因素如下。

（1）环境温度颗粒。从冷却器出来的最终温度受到冷却空气初始温度的限制。

（2）颗粒中的脂肪含量。颗粒中的脂肪含量越高，越难冷却。包在颗粒表面的脂肪会使颗粒中的液体难于排出，冷却时间需加长。若将颗粒急速冷却，会造成裂纹或碎裂。干燥、凉爽的空气比潮湿的空气能从颗粒中带走更多的水分。

立式逆流式冷却器冷却过程中，物料与空气逆向流动进行湿热交换，有较好的冷却效果。从制粒机出来的湿热颗粒进入冷却器箱体，并在匀料器作用下均布于整个冷却箱体的截面上，冷却空气从栅格底部吸入，首先接触经过冷却的颗粒，当冷空气穿过热颗粒时，空气逐渐被加热，承载的水分增加，而热颗粒向下移动时，也逐渐被空气冷却，失去部分水分。空气与颗粒间温差比较小，不会使热颗粒产生急速冷却，保证了冷却的均匀性，颗粒冷却质量明显提高。当颗粒堆积至上料位器位置时，振动卸料斗开始工作，开启卸料门排料；当冷却箱体内颗粒下降到下料位器位置时，卸料门关闭，停止排料。

卧式冷却器有翻板型和履带型两种，其中履带型冷却器适应性强，能冷却不同直径和形状的颗粒料和膨化料，而且产量高、冷却效果好，目前主要在特种水产生产中应用较多。履带式卧式冷却器，是传统双层尊卧式冷却器的改进型，将传统侧面进风改为底部进风，确保进风冷却更均匀，避免风量的短路问题，同时将网式改为履带型，降低了加工成本。高温、高湿的颗粒料从冷却器进料口进入，经进料匀料装置使颗粒料均匀地平铺在传动链装置的链板上，传动链装置共有上、下两层，运动方向相反，下层速度快。颗粒料在上层格板上由机头输送到机尾，再落入下层格板上，经下层格板再由机尾输送到机头下部出料口。当颗粒料进入冷却器由上层至下层输送的同时，自然空气由冷却器底部格板缝隙进入，并通过格板经料层由顶部吸风道及吸风管排出，同时带走物料的热量与水分，起到对物料进行冷却和减低水分的作用。

水产颗粒饲料水分含量较高时，必须进行干燥处理。颗粒饲料干燥器是在普通冷却器的基础上，提供干热空气介质，使干燥空气介质与湿热颗粒中热量和水分充分交换，起到均衡降水目的。干燥可降低水分含量，提高饲料的稳定性、延长产品保质期，改善物理性能，降低物料黏性，防止微生物生长和产生毒素。传统的颗粒饲料干燥器大多是卧式干燥器，分为单层和多层的结构形式，水产与宠物饲料加工中最常用的干燥器为双层结构。也有将干燥与冷却组合器用于水产颗粒饲料生产，SGLB 系列是干燥冷却组合机，其主要特点是：集干燥、冷却于一体，结构紧凑、自动化程度高，操作维护方便。

颗粒破碎机颗粒破碎是加工幼小畜禽颗粒饲料常用的方法，在水产饲料生产中，也常采用破碎方法来解决小颗粒生产问题。颗粒破碎机是用来将大直径颗粒饲料破碎成小碎粒，以满足动物的饲养需要。采用破碎方法，既可以节省能量消耗，同时避免了生产细小颗粒饲料的难度。畜禽饲料生产中，进行破碎加工颗粒饲料时，最为常用、最小的颗粒直径为 4.5 ~ 6.0 mm。水产颗粒饲料的破碎应选用水产饲料专用破碎机。颗粒破碎机主要工作部件是一对轧辊，在轧辊上进行拉丝处理，快辊表面为纵向拉丝，慢辊表面为周向拉丝，快、慢辊的速比为 1.5 ∶ 1 或 1.25 ∶ 1。拉丝目的是增加纵向与周向的剪切作用，减少挤压，使产品粒径更均匀，提高碎粒的成品率，减少细粉。调节轧距的间隙大小可获得所需要的产品粒径，当颗粒不需破碎时，可将乳辊的轧距调大，使其直接通过；或利用进料处备有的旁路装置，让颗粒从轧辊外侧流过。

颗粒分级筛颗粒分级是将冷却和破碎后的颗粒物料分级，筛出粒度合格的产品送入后道作业工序，不合格的大颗粒和细粉回流加工。常用的颗粒分级筛有适用于颗粒饲料直径大于 1.0 mm 的颗粒饲料和破碎饲料分级以及适用于颗粒饲料直径小于 1.0 mm 的破碎颗粒饲料分级两种。

液体外涂机制粒对酶制剂、维生素及生物制品等热敏性原料破坏很大，为保证这些热敏性原料不受制粒的影响，通常的方法是在制粒后进行液体后喷涂，从而最大限度保证热敏原料的活性不受破坏。同时，为保证粉料在制粒机的压模内成型，制粒之前的油脂添加量不应超过 3% 但配方中油脂添加量较大时，超过 3% 的部分油脂需要在制粒后采用喷涂技术添加，以保证颗粒的物理质量。喷涂时要使液体尽量雾化，雾化的液滴越小，液体在颗粒中的分布越均匀。液体的雾化方式有压力雾化、气流雾化和离心雾化 3 种，常用的是压力雾化，主要利用油泵产生的液压来提供雾化能量，从喷头喷出高压液流与大气进行撞击而破碎，形成雾滴。液体喷涂有两种形式，一种是直接在制粒机上进行喷涂，另一种是在颗粒分级后进行喷涂，活性组分的喷涂最好在颗粒分级后进行，以保护其活性。

油脂喷涂机有卧式滚动式、转盘式和真空式。卧式滚动式油脂喷涂机的工作过程：颗粒料径流量平衡器和导流管进入倾斜滚筒，由于滚筒的转动，在颗粒料翻转并前移的同时喷嘴向颗粒料喷油，涂油的颗粒料从出料口排出，喷油量根据颗粒料流量按比例自动添加。转盘式油脂喷涂机是颗粒饲料进入喷涂室内的转动圆盘上，在离心力的作用下，饲料向四周散布落下，同时油脂也在离心力的作用下，向四周喷洒，与撒落的颗粒饲料接触。刚与油脂接触时，颗粒表面的油脂并不均匀，在混合输送机内，颗粒表面互相接触、摩擦，有利于油脂在颗粒饲料表面的分散。

真空喷涂能使颗粒对油脂有较快的吸收，同时能在颗粒饲料中添加更多的油脂，是液体添加的一项新技术。该技术保证了液体喷涂的准确性和均匀性，在不影响产品质量的前提下，液体的添加量可达到10%～15%。颗粒进入真空喷涂机后，颗粒内部的空气亦排出，使颗粒内部留有空隙，使液体添加量增加。

SYPM酶制剂添加机是目前广泛应用的微量液体添加外涂系统。液体酶的添加比例广，适应不同添加比例的酶添加，SYPM塑酶制剂添加机的添加比例为0.02～1 L/t，喷涂均匀率为80%，计量精确，精度达到0.8%，颗粒料的计量精度达到0.5%；稳定可靠，便于维修，可同时添加3种不同类型的液体组分。

五、影响颗粒饲料质量的因素

影响制粒的质量因素有原料的选择、配方和前道加工处理（原料粉碎粒度和混合均匀度）、设备的选择与布置、设备操作参数的确定、调质与蒸汽的晶质和冷却等。

（一）原料性质对制粒的影响

原料性质主要有原料成分和物理特性，对制粒物理质量有较大的影响。

1. 原料成分

（1）蛋白质，蛋白质在制粒过程中受热后容易变性塑化，产生黏性，有利于制粒。

（2）脂肪，脂肪有利于提高制粒产量，减少压模磨损，但当脂肪含量超过5%～6%时，则不利于颗粒成型。

（3）纤维饲料原料中有两类纤维：一类是多筋类，如紫苜蓿、甜菜茎和柑橘茎等；另一类是带壳类，如燕麦壳、花生壳和棉籽壳等。少量多筋类纤维有利于颗粒的粘连，

但两种类型的纤维都不利于制粒，会降低产量，加快压模磨损。比较而言，多筋类纤维能吸收较多的蒸汽并软化，能起一定的黏结作用而提高颗粒硬度；而带壳类纤维不能吸收蒸汽，在颗粒中起离散作用，会严重降低颗粒产量和质量。

（4）淀粉，淀粉在成型前通过蒸汽调质能够糊化，起到很好的黏结作用，有利于成型，小麦、大麦淀粉的黏结性优于玉米和高粱。但淀粉比例太多时也会影响产量，如配方中小麦添加量较高时，制粒就较困难。

（5）其他，贝壳粉等无机质不利于制粒，还会加快压模的磨损，降低产量，并会造成模孔堵塞；饲料中添加糖蜜时，添加比例在3%以下时有利于制粒，能降低粉化率；但添加量过大时反而使颗粒松散。原料水分含量对颗粒的产量和质量都有明显的影响，压制过程中，水分可在物料微粒表面形成水膜，使之容易通过模孔，延长压模的使用寿命；另外，它能水化天然黏结剂，改善颗粒质量。水分太低，颗粒易破碎，易产生较多的细粉；

水分太多反而难于制粒。脱脂奶粉、蔗糖及葡萄糖等，通过加热调质，可明显提高颗粒的黏性和硬度，添加比例过大时也易造成模孔堵塞。

2. 原料物理特性

（1）密度。制粒效率与原料密度有很大的关系。通常密度大的饲料制粒产量高，而密度小的饲料则产量低。例如，用制粒机压制密度为 270 kg/m³ 的苜蓿粉每小时产量为 4000 kg，而在同样条件下压制密度为 640 kg/m³ 的棉粕时产量可达 16 000 kg。但对于高密度的矿物质则是例外，它不同于一般的饲料原料，因为它既无黏性，又对模孔具有严重的磨损性。

（2）粒度。原料粒度与颗粒成品的硬度和粉化率也有一定关系。粒度越粗，颗粒成品的硬度越小，颗粒就容易开裂，粉化率也越大，不同粒度的物料通过模孔的能力也不同。细粒有较好的通过能力，能减少压辊与模孔之间的磨损，同时也能提高制粒产量和质量，降低能耗，延长压模寿命。

（3）原料。制粒特性因数。原料的制粒特性可用品质因数、能耗因数、摩擦因数三个参数来表示，在进行饲料配方设计时可事先对某一配方的制粒特性有一个大致的了解，当然，计算结果仅是一个参考值。

品质因数：此因数数值越大，表示用该原料制造出来的颗粒品质越好。

能耗因数：此因数数值越高，表示用该原料的生产能耗越高。

摩擦因数：表示原料的摩擦特性，摩擦因数越高，对压模的磨损越厉害，压模使用寿命短。

（4）杂质。原料中含沙石、金属类杂质时会加大阻力，降低产量，影响设备使用寿命。

（二）调质对制粒的影响

蒸汽的品质与添加量、调质时间都是影响制粒的重要因素。进入调质器的蒸汽不应带有冷凝水，应是干饱和蒸汽，蒸汽压力要保持基本稳定，不同的原料和配方应选择不同的蒸汽压力；在选定合适的蒸汽压力和保证经过有效冷却后成品水分不超标的前提下，调质时加大蒸汽添加量有利于提高产量和质量。合适的调质时间可使淀粉达到合适的糊化程度，但又不致过多地损害维生素等成分。一般来说，因为饲料要求有较长的耐水时间，要求淀粉能充分糊化，因此，调质时间最长，鱼饲料次之，畜禽饲料则较短。制粒后利用颗粒本身的温度与水分，进行一段时间保温，可提高颗粒质量，这一过程称为后熟化（或后调质），鱼虾饲料生产中常应用这一工艺。

（三）压模及压辊的影响

压模模孔的有效长度越长，挤压阻力越大，压制出的颗粒越坚硬，同时产量也越低。模孔粗糙度越低，生产率越高，且成型颗粒表面越光滑，颗粒质量越好。压模孔径确定后，模孔间的间距越小，则开孔率越大，越有利于提高生产率。均匀的模孔间距对颗粒质量和产量都有利。压模的耐磨性不仅影响压模本身的寿命，也影响颗粒的质量和产量。压辊压辊转速过高，可能使物料形成断层，不能连续制粒。

六、制粒对饲料养分中的影响

在饲料制粒过程中因调质、压制产生的湿热、高温及摩擦作用，将导致物料温度迅速升高，从而引起饲料的物理性状和养分的化学特性发生变化。

（一）制粒过程对饲料养分影响的因素

饲料在制粒过程中，需经调质、压辊及压模的挤压后才能成形。在调质过程中，一般采用 0.2 ~ 0.4 MPa 的蒸汽进行加工处理，蒸汽的温度可达 120 ~ 142 t，在蒸汽的作用下，使饲料温度升高至 80° ~ 93°，水分达 16% ~ 18%，从而导致饲料中的养分在高温湿热条件下发生变化。此外，新型膨胀调质器虽作用时间短，但升温更迅速，可使物料在数秒钟内达到 100 ~ 2 000℃，对饲料养分的影响更大。

制粒机是依靠压模与压辊将调质好的饲料挤压出模孔而制成颗粒产品，这一过程中存在着模孔对物料的摩擦阻力，需要较大的压力以克服阻力挤出模孔，摩擦使物料温度进一步升高，对养分产生影响。此外，巨大的压力对饲料成分也有影响。

（二）制粒过程中养分的变化

淀粉的变化在水分和温度作用下，淀粉颗粒吸水膨胀直至破裂，成为黏性很大的糊状物，这种现象称为淀粉糊化。淀粉糊化后有利于颗粒内部的相互黏结，改善了制粒加工质量。制粒后饲料中淀粉的糊化度为 20% ~ 50%。对水产饲料来说，通过制粒前的多道调质，使加热时间延长，可使淀粉糊化度达 45% ~ 65%，制粒后熟化处理可使淀粉糊化度达 50% ~ 70%。一般，淀粉糊化度随热处理时间延长而提高，提高淀粉糊化度，可改善动物对淀粉的消化吸收率。

蛋白质变性受热使蛋白质的氢键和其他次级键遭到破坏，引起蛋白质空间构象发生变化，使蛋白质变性。蛋白质的热变性与温度和时间呈正相关。

饲料制粒过程对脂肪产生的影响方面的研究甚少，一般认为，适度的热处理可使饲料中存在的解脂酶和氧化酶失活，从而提高脂肪的稳定性，但过度的热处理易造成脂肪酸败，降低脂肪的营养价值。

制粒处理对纤维素的影响甚微，加热和摩擦作用可使饲料纤维素的结构部分破坏而提高其利用率。

部分维生素因热稳定性较差，在制粒过程中极易损失。增加调质时间和提高温度对维生素的存留极为不利，特别是维生素 A、维生素 E、盐酸硫胺素、维生素 C 等，随温度的升高和时间的延长活性显著下降。因此，颗粒饲料中应选用稳定化处理的维生素产品，尤其是对需经后熟化处理的水产饲料更为关键。

对饲料添加剂的影响酶制剂、益菌剂及其他的生物活性物质均对高温敏感，制粒过程为高温、高湿和压力的综合作用，对生物制剂的活性影响较大。

对饲用酶制剂的影响在饲料中应用的酶主要有淀粉酶、蛋白酶、葡聚糖酶、木聚糖酶和植酸酶等。当制粒温度低于80℃时，纤维素酶、淀粉酶和戊聚糖酶活性损失不大，但当温度达90℃时，纤维素酶、真菌类淀粉酶和戊聚糖酶活性损失率达90%以上，细菌类淀粉酶损失为20%左右。当制粒温度超过80℃，植酸酶活性损失率达87.5%。摩擦力增加，使植酸酶活性损失率提高，模孔孔径为2 mm的压模制粒时，植酸酶的损失率大于孔径为4mm的压模。由此可见，高温对酶制剂活性的影响极大，为提高颗粒饲料中酶制剂的活性，现多采用制粒后喷涂液体酶制剂的方法添加，固体酶制剂也多采用包被等稳定化处理。

对益菌剂的影响饲料中应用的益菌剂主要有乳酸杆菌、芽孢杆菌和酵母等，除芽孢杆菌外，其他的微生物对高温较敏感，当制粒温度为85℃时，可使酵母菌等大部分微生物全部失活。提高益菌剂的耐热性是在饲料中推广应用的关键所在。

对饲料中有害物质的影响制粒湿热处理可使饲料中的抗营养因子和有害微生物失活，经制粒处理后，大豆中的胰蛋白酶抑制因子由27.36 mg/g降至14.30 mg/g，失活率达47.7%。制粒过程的湿热作用可有效灭活饲料中的各种有害微生物，采用巴氏灭菌调质处理后制粒可使大肠杆菌、非乳酸发酵菌全部失活。

七、挤压膨化原理及其主要设备

饲料挤压膨化技术发展十分迅速，特别是在饲料原料加工处理、宠物饲料和水产饲料生产中应用十分广泛，可用来生产挤压膨化大豆、玉米、羽毛粉等饲料原料，浮性、慢沉性、沉性水产饲料等饲料产品。

（一）挤压膨化的原理和特点

饲料挤压膨化是将粉状饲料置于螺旋挤压腔内，挤压腔从进口到出口的有效空间越来越小，形成一定的体积递减梯度，在螺杆的向前推力和挤压作用下，物料通过挤压腔，受到强烈的挤压力和剪切力，并发生混合、搅拌、摩擦，部分机械能在此期间转换为热能，再辅以必要的外源热能，使物料迅速升温，达到较高的温度，当从特定形状的模孔中被很大的压力挤出进入大气时，突然释放至常温、常压，温度和压力骤然降低，使物料中的水分迅速蒸发，饲料体积迅速膨胀，形成多孔结构，然后用切刀切断，使物料成为所需的形状。在此过程中饲料的理化性质发生了较大的变化，淀粉糊化、蛋白质变性，并具有杀菌作用。设计特定的模孔可获得所需的形状，以达到成品的设定要求。挤压腔内的温度一般为120 ~ 200℃，压力0.5 ~ 1.0 MPa。膨化饲料除具有颗粒饲料的一般优点外，还具有以下显著优点。

1. 消化率更高

原料经过膨化过程中的高温、高压处理，使其中淀粉糊化、蛋白质组织化，有利于动物消化吸收，提高了饲料的消化率和利用率，如鱼类膨化料可提高消化率 10% ~ 35%。

2. 形状多样

膨化料可得到质地疏松、多孔的水浮颗粒料，适合上层鱼类采食；模板可制成不同形状的模孔，因此可压制出不同形状、动物所喜爱的膨化颗粒料。

3. 更加卫生

原料经高温、高压膨化后可杀死多种病原菌，能预防动物消化道疾病，可更有效地脱除饲料中的毒素和抗营养因子。

4. 适口性更好

膨化饲料松脆、香味浓。挤压膨化对维生素和氨基酸等有一定破坏作用，且电耗大、产量低，但一般可从提高饲料报酬中得到回报。

（二）饲料的挤压膨化工艺

物料经清理、粉碎、配料和混合后进入膨化机的调质器中，经调质至水分 20% ~ 30%，进入挤压机挤压，经切刀切割，烘干冷却后即为成品；也可根据需要再经破碎、喷涂油脂等处理后生产出成品。

（三）挤压膨化机的分类

挤压机是目前使用最广泛的膨化设备。技术种类很多，但主要有以下两种方法。

1. 挤压膨化机分类

（1）干法挤压指不用外源加热也不添加水分，单纯依靠物料与挤压机筒壁及螺杆之间相互摩擦产热而进行挤压的方式。操作简单，设备成本低，但挤压温度不易控制，营养成分破坏大，动力消耗大。

（2）湿法挤压指在挤压过程中添加水分（水或蒸汽），并辅以外源加热（蒸汽或电）而进行挤压的方式。湿法挤压由于含水分较高，因此挤压温度比干法低，也较容易控制，可确保物料成分不受损失或少受损失，但设备相对复杂，成本也较高。

2. 按螺杆数量分类

（1）单螺杆挤压机，在挤压腔内只安装一根螺杆的挤压机，物料向前输送主要依靠摩擦力。单螺杆挤压机的形式较多，可根据其适应物料的干湿度、结构上的可分离装配性、剪切力的大小、热量的来源再进行分类。

（2）双螺杆挤压机，在其挤压腔内平行安装两根螺杆，机膛横截面呈 8 字形，物料向前输送主要靠两根螺杆的啮合作用。双螺杆挤压机根据螺杆旋转方向和啮合状况可再次分类。

（四）挤压膨化过程

挤压膨化的工作过程是将饲料粉状原料置于膨化挤压腔内，从喂料区向压缩揉合区、最终熟化区不断推进，物料温度和压力不断升高，当达到一定温度和压力后，从模孔突然释放至常温、常压，并被切刀切成所需形状和长度的产品。

（五）挤压膨化机的结构

挤压膨化机主要由喂料器、调质器、传动、挤压、加热与冷却、成形、切割、控制等部件组成。

（1）喂料装置，常用的喂料装置为螺旋喂料器，由一根或两根以上螺旋组成，把配制混合好的物料均匀而连续地喂入螺旋挤压机的喂料段，通过控制螺旋的转速，即可对物料进行容积计量，也可在喂料器上方配置减重式称量装置计量。

（2）调质器与制粒调质器基本相同。

（3）传动装置。传动方法一般采用电机齿轮减速箱和电机皮带轮组合两种传动方式。

（4）螺旋挤压装置由螺杆和机镗组成，它是挤压机的核心。

（5）为使饲料原料始终能在其加工工艺所要求的温度范围内挤压，通常采用蒸汽夹套加热或电感应加热和水冷却装置来调节机镗的温度。

（6）成形装置。它又称挤压成形模板，它配有能使物料从挤压机流出时成形的模孔。模孔的形状可根据产品形状要求而改变，最简单的是一个或多个孔眼，环行孔、十字孔、窄槽孔也经常使用。为了改进所挤压产品的均匀性，常把模板进料端做成流线型开口。

（7）切割装置。常用的切割装置为端面切割器，切割刀具旋转平面与模板端面平行。通过调整切割刀具的旋转速度和模板端面之间的间隙大小来获得所需挤压产品的长度。

（8）控制装置。挤压加工系统控制装置主要有：手动控制、单回路控制、整合自动控制、带物料和能量控制的整合自动控制，通过建立工艺过程模型进行准封闭回路控制和封闭回路控制等。其主要作用是：保证各部分协调地运行；控制主机转速、挤压温度及压力和产品质量等，实现整个挤压加工系统的自动控制。

（六）主要挤压膨化机简介

1. 单螺杆挤压机

单螺杆挤压机结构简单、制作成本低、操作方便，是饲料和食品工业中应用最为普遍的挤压设备。单螺杆挤压机主要由喂料装置、调质或预处理装置、挤压机机筒装置、模头（模板）和切刀装置等组成。最重要的是机筒和螺杆的布置形式，决定了挤压机的性能、结构和用途。通过控制加工参数可达到不同的效果，如装配高剪切螺杆和剪切螺栓，直接通入蒸汽或用循环蒸汽或热油加热机筒，提高主轴转速以及限制模板开孔面积等，能使机筒内蒸煮温度达到 80 ～ 200℃；控制主轴转速能改变物料在机筒内的滞留时间，滞留时间范围为 15 ～ 300 s。一般来说，单螺杆挤压机的混合能力较低，因此，需要物料预混合或使用预调质装置对物料进行适当混合。

2.双螺杆挤压机

双螺杆挤压机结构与单螺杆挤压机基本一致,也是由机镗、螺杆、加热器、机头连接器、传动装置、加料装置和机座等部件组成,但在机镗内并排安装了两根螺杆。与单螺杆挤压机相比,双螺杆挤压机可处理黏性、油滑和高水分的物料及产品,设备部件磨损较小,具有非脉冲进料特征,适用于较宽的颗粒范围(从细粉状到粒状);具有自净功能,清理简便;机头可通入两种不同的蒸汽;容易将试验设备按比例放大,扩大生产规模;工艺操作方便。双螺杆挤压机用途广泛。

(七)挤压膨化对饲料营养成分的影响

挤压膨化是一种高温、短时(HTST)加工过程,其温度高、压力大,对物料的作用强。挤压膨化过程中饲料成分的变化饲料中的各种成分在挤压膨化过程中将发生一系列的物理化学变化。

1.蛋白质的变化

挤压膨化过程中,在高温和剪切力的作用下,蛋白质稳定的三级和四级结构被破坏,使蛋白质变性,蛋白质分子伸展,包藏的氨基酸残基暴露出来,可与糖类和其他成分发生反应;同时,疏水基团的暴露,降低了蛋白质在水中的溶解性。这样,有利于酶对蛋白质的作用,从而提高蛋白质的消化率。但在挤压过程中蛋白质的变性常伴随着某些氨基酸的变化,如赖氨酸与糖类发生褐变反应而降低其利用率。此外,氨基酸之间也存在交联反应,如赖氨酸和谷氨酸之间的交联反应等,都将降低氨基酸的利用率。挤压温度越高,美拉德反应速度越快,这种影响可通过提高挤压物料的水分含量而抵消。

2.淀粉的变化

挤压膨化的高温湿热条件有利于淀粉的糊化,通过膨化,淀粉的糊化度可达60%~80%。淀粉糊化后增加了与消化酶的接触机会,因此,糊化可提高淀粉的消化率。

3.对纤维素的影响

挤压膨化可破坏纤维素的大颗粒结构,使水溶性纤维含量提高,从而提高纤维素的消化率。但膨化操作条件不同,对纤维素的影响亦不相同,温度低于120℃时则难以改善纤维素的利用率,高温、高水分膨化将有利于改善纤维素的利用率。

4.对脂肪的影响

在挤压膨化过程中,随温度的升高,脂类的稳定性下降,随挤压时间的延长和水分的增加,脂肪氧化程度升高。但在挤压过程中,脂肪能与淀粉和蛋白质形成复合物,脂肪复合物的形成使其氧化的敏感性下降。在适宜的温度范围内,升高温度,复合物生成量有所上升,而在高温条件下,则随温度升高,复合物生成量反而明显下降。一般来说,谷物经挤压后,游离脂肪的含量有所下降,而使膨化产品发生氧化酸败的主要是游离脂肪。此外,经膨化后可使饲料中的脂肪酶类完全失活，有利于提高饲料的贮藏稳定性。

5. 维生素的损失

维生素在挤压膨化过程中所受的温度、压力、水分和摩擦等作用比制粒过程更高、更大、更强，维生素损失量随上述因素作用的加强而增加。维生素 A、维生素 K、维生素 B_1 和维生素 C 在 149℃挤压 0.5 min 时，分别损失 12%、50%、13% 和 43%；当挤压温度为 200℃时，维生素 A 的损失达 62%，维生素 E 的损失高达近 90%。物料水分的增加，亦会提高维生素的损失。因此，采用挤压膨化加工时，必须采取有效的措施，减少维生素的损失，如微胶囊化维生素 D、维生素 E 醋酸酯、维生素 C 磷酸酯较稳定，损失较少，膨化后可存留 85%。此外，可采用后喷涂添加等方法。

6. 对饲料添加剂的影响

挤压对抗生素、酶制剂、益菌剂等饲料添加剂的影响报道甚少。由于其操作条件比制粒更为强烈，因而对这类饲料添加剂的影响远大于制粒。目前，许多饲料添加剂均采用膨化后喷涂的方法添加。

7. 饲料的物理性状变化

饲料经挤压膨化后，除养分发生一系列的化学变化外，通过改变挤压机的模板，可生产出各种形状和特性要求的产品，产品特性主要由密度、水分含量、强度、质地、色泽、大小和感官性状等物理指标构成，最主要的是密度、水分和质地。改变挤压机操作条件，可分别生产出密度为 0.32 ~ 0.40 kg/m³ 的浮性水产饲料和 0.45 ~ 0.55 kg/m³ 的沉性水产饲料。一般而言，经挤压膨化后的饲料，由于膨胀失水作用，多具有多孔性的结构，质地较为松脆。此外，对一些宠物饲料可根据要求生产出骨头形状、波纹状、条状和棒状等外形。不同的配方和养分含量可产生不同的膨化率。

挤压膨化对饲料中有害物质的影响，许多研究表明，膨化能有效地消除饲料中的有害物质。

膨化能显著地消除大豆中的各种抗营养因子和有害物质。水分为 20%、149℃下膨化 1.25 min，可使 98% 的大豆胰蛋白酶抑制因子失活；湿法膨化可使大豆中的抗营养因子含量大幅度下降，使抗原活性全部丧失；膨化能全部破坏豆类中的血球凝集素活性。可以脱除原料大豆中存在的不良风味成分。

膨化能显著地降低棉仁及棉粕中的游离棉酚含量，可使菜粕中的芥子酶失活，使芥子苷不易分解为有毒的噁唑烷硫酮（OZT）和异硫氰酸酯（ITC）；将蓖麻籽饼（粕）与化学试剂混合均匀后再进行膨化处理，经高温、高剪切力作用，能充分破坏蓖麻中的毒蛋白和常规方法不易失活的抗营养因子。

有关挤压膨化加工对饲料中有害微生物的影响鲜见报道，但一般认为，膨化可杀死全部有害微生物，如大肠杆菌、沙门氏菌和霉菌，饲料经 125℃的膨化即可完全杀死所有有害菌。

第五章 饲料加工过程中的质量控制

饲料生产过程中的质量控制是饲料加工生产的重要环节，是保证和提高饲料产品质量的重要手段。饲料厂的质量控制是对产品从原料接收到成品出厂整个过程的控制，是利用科学的方法对产品质量实行监控，预防不合格产品产生，使产品质量达到规定质量标准的过程。

第一节 饲料原料检验与质量标准

饲料原料质量的好坏直接关系到饲料产品的质量好坏，是饲料产品质量的根本保证。只有使用合格的饲料原料，才能生产出符合要求的饲料产品。

一、取样方法

鉴别饲料原料（包括成品饲料）质量是否合格，采集具有代表性的样品是关键环节之一，否则即使分析方法及操作规程没有问题，使用的分析检测设备先进，化验分析人员的技能熟练，但其分析的结果只能代表所取的样品本身，而不能代表整批原料质量的好坏。因此，取样应注意以下问题：①是否从整批原料中取得足够的样品；②取样的角度、位置和数量是否能够代表整批原料；③所取的样品是否搅拌均匀，以致最后分析样品能够代表全部样品。

1. "四分法"缩样

"四分法"缩样是将籽实、粉末及可研碎的各种饲料样品置于一张方形纸或塑料布上（大小可根据样品多少而定），提起纸的一角，使籽实或粉末等流向对角，随即提起对角使籽实或粉末等再回流，如此反复多次，最终使籽实或粉末混合均匀，然后将籽实、粉末等铺平，用药铲或直尺等器具，从中划一个"十"字或以对角线相连，将样本分为四等份，去除两份后，将剩余的两份混合在一起；如前述过程再分成四等份，重复多次，直至剩余的样本数量符合测定的要求为止，通常为 500 g 左右。

2. 取样

袋装原料取样时，取样器的长度必须能够达到包装袋的斜对角底部。对编织袋或麻袋包装的散装饲料或原料，用取样器从口袋上下两个部位选取或将料袋平放在地上，在两条对角线的相交处取样，取至少 500 g 样品。若该批原料的数量不超过 10 袋时，则每袋均应抽取样品；若数量超过 10 袋，则抽取总数量的平方根的数量样品（当平方根不足 10 时，应至少抽取 10 袋）。

散装原料若是大量颗粒、散装粉料或车装原料，则可按不同批号、深度、层次和位置，分别进行点位取样，一般取样不少于 10 个，原始样品每样 1 kg。

液体原料一般采用虹吸法，在上、中、下三层用吸管取样约 3 L 黏稠或含固体悬浮物，如果为非匀液体，应充分搅拌后再取样。批量大时按袋装原料的抽取方法确定抽取次数（桶或罐等）。

饼（粕）类饲料由于加工方法的不同，油饼的形状各异。

大块油饼一般从堆积油饼的不同部位选取，数量不少于 5 块。按 5° 圆角交叉法取样，然后将小三角形块状油饼压碎混合作为原始样品。小块油饼每批至少选取有代表性的样品 25 块，粉碎后充分混合后作为原始样品。

3. 取样的基本原则

取样时应遵循以下原则：①选用清洁的容器和取样设备；②取样时每个部位取样不少于 500 g；③将样品搅拌均匀后用分样器或 "四分法" 再取 1/4 的样品，依次类推达到分析需要的样品数量；④每个样品要有标签，注明取样时间、样品名称、产地等性状；⑤样品保留时间根据原料特性和生产实际情况而定；⑥采取有效措施，预防采集的样品在保存过程中发生变化，如采集的原料应放在磨口玻璃瓶中，以防止水分散失或吸潮；⑦样品在分析检验前应粉碎至 40 ~ 60 目。

4. 样品的登记与保管

样品制备好后，应放在磨口广口瓶中，存放于阴凉干燥处。样品瓶上应贴上标签，注明样品名称、取样日期和取样人等。所有样品取样后要登记，内容包括：①样品名称和种类，成品饲料要注明编号及包装类型；②外观描述如颜色、色泽、杂质、水分、粒度、霉变和异味等（只标出上述指标是否正常）；③取样地点及取样日期；④生产厂家和出厂日期；⑤货物重量或批量，包数；⑥存放地点；⑦取样人和送检时间。

二、感官检验

所有原料进厂前必须进行感官检验，只有感官检验合格后，经质监部门签发外观检验合格单，由检验员按规定方法抽取样品后，原料才准许进入原料库。

感官检验是对原料的外观进行检验，一般检验项目有水分、颜色、色泽、气味、杂质、霉变、虫蚀和结块异味等。有经验的检验人员往往能做出很准确的判断，这就要求检验员责任心强而且经验丰富。该方法是一种快速而又准确的方法。

三、检验分析的允许误差

1. 粒度

粉碎粒度检验的允许误差要求全部通过的绝对误差值为 0.2%，即筛上残留物小于或等于 0.2% 的为通过合格；筛上物小于或等于某数值时，绝对误差为 2%，即某数值再加上 2% 不超过时也判定为合格。如 16 目筛上物小于 20%，当测定值为 22% 时，可判定为合格。

2. 粗脂肪

当粗脂肪测定值小于 5% 时，允许分析相对误差为 10%。如标准规定粗脂肪为 3% 时，决定误差为 0.3%，即达到 2.7% 即可判定为合格；当测定值在 5% ~ 10% 时，允许分析相对误差为 5%；当测定值在 10% 以上时，允许分析的相对误差为 3%。

3. 粗蛋白

当粗蛋白测定值小于 10% 时，允许分析相对误差为 3%；当测定值在 10% ~ 25% 时，允许分析相对误差为 2%；当测定值在 25% 以上时，允许分析的相对误差为 1%。

4. 粗纤维

当粗纤维测定值小于 10% 时，允许分析绝对误差为 0.4%。如标准规定粗纤维为 9% 时，分析值不超过 9.4% 即可判定为合格；当测定值在 10% 以上时，允许相对误差为 4%。

5. 粗灰分

当粗灰分测定值在 5% 以上时，允许分析相对误差为 1%；当测定值在 5% 以上时，允许相对误差不超过 5%。

6. 钙

当钙测定值小于 1% 时，允许分析相对误差为 10%；当测定值在 1% ~ 5% 时，允许分析相对误差为 5%；当测定值在 5% 以上时，允许分析的相对误差为 3%。

7. 磷

当磷测定值小于 0.5% 时，允许分析相对误差为 10%；当测定值大于或等于 0.5% 时，允许分析的相对误差为 3%。

四、常用饲料原料质量标准

饲料质量标准是按照我国规定对各种饲料制定相应的质量标准和检验方法标准。标准分为三级即国家标准、专业标准和企业标准。国家标准是由国务院有关部门提出，全国料工业标准化技术委员会进行技术审查，国家标准化管理机关批准或委托国务院主管部门批准后，由国家标准化管理机关发布的。专业标准是科研单位、生产企业提出的，国家饲料工业标准化技术委员会进行技术审查，国务院有关部门批准发行并报国家标准化管理机关编号、备案。企业标准是由生产企业提出，由地、市级以上（含地、市）标准化管理机关发布。随着我国加入世界卫生组织（WTO），国际标准和国外先进标准越来越多地进入我国。国际标准指联合国粮农组织（FAO）、WTO等所制定的有关标准，国外先进标准指国际上有权威的区域性标准如经济发达的美国、德国、英国、法国、日本等国的国家标准。

为了降低配合饲料的生产成本，饲料生产应本着就地取材的原则，根据当地原料品种、原料特性、价格及供货量等因素合理选择原料，通常使用的原料质量要求如下：

1. 玉米

要求籽粒整齐、均匀、脐色鲜亮、色泽气味正常，杂质总量不能超过1%（杂质包括筛下物、矿物质及其他无饲用价值的颗粒），生霉粒不超过2%，粗蛋白质（干物质基础）含量不小于8%，水分含量不大于14%。

饲料用玉米按容重、不完善粒以及脂肪酸值分等级，其质量指标见表5-1。

表5-1　饲料用玉米质量指标

等级	容重（g/L）	不完善粒（%）	脂肪酸值（KOH）（mg/100g）
一级	≥ 710	≤ 5.0	≤ 60
二级	≥ 685	≤ 6.5	—
三级	≥ 660	≤ 8.0	—

引自中国农业标准汇编（饲料产品卷），2009。

2. 大豆粕

感官要求为浅黄褐色或浅黄色不规则的碎片状或粗粉状，色泽新鲜一致，无发酵、霉变、结块、虫蛀及异味异臭。水分小于13%，不得掺入饲料用大豆粕以外的物质，若加入抗氧化剂、防霉剂、抗结块剂等添加剂时，需具体说明加入的品种和数量。黄白或略带绿色为偏生，深红变褐色为过熟，其生熟度用尿酶活性表示。尿酶活性指在30℃±0.5℃和PH7的条件下，每克大豆制品每分钟分解尿素所释放的氨基氮的质量。大豆饼的尿酶活性要求在0.02～0.4为宜。具体技术指标及质量分级指标见表5-2。

表5-2　饲料用大豆粕质量指标及分类

质量指标	带皮大豆粕		去皮大豆粕	
	一级	二级	一级	二级
水分（%）	≤ 12.0	≤ 13.0	≤ 12.0	≤ 13.0
粗蛋白质（%）	≥ 44.0	≥ 42.0	≥ 48.0	≥ 46.0
粗纤维（%）	≤ 7.0	≤ 7.0	≤ 3.5	≤ 4.5
粗灰分（%）	≤ 7.0	≤ 7.0	≤ 7.0	≤ 7.0
尿素酶活性（以氨态氮计）[mg/（min·g）]	≤ 0.3	≤ 0.3	≤ 0.3	≤ 0.3
氢氧化钾蛋白溶解度（%）	≤ 70.0	≤ 70.0	≤ 70.0	≤ 70.0

引自中国农业标准汇编（饲料产品卷），2009。

注：粗蛋白质、粗纤维、粗灰分三项指标均以88%或者87%的干物质为基础计算。

3. 大豆饼

感官要求为黄褐色饼状或小片状，色泽新鲜一致，无发酵、霉变、虫蛀及异味异臭。不得掺入大豆饼以外的物质，若加入抗氧化剂、防霉剂等添加剂时，应做相应的说明。大豆饼具体质量指标及分级标准见表5-3。

表5-3　饲料用大豆饼质量指标及分类

质量指标	等级		
	一级	二级	三级
粗蛋白质（%）	≥ 41.0	≥ 39.0	≥ 37.0
粗脂肪（%）	≤ 8.0	≤ 8.0	≤ 8.0
粗纤维（%）	≤ 5.0	≤ 6.0	≤ 7.0
粗灰分（%）	≤ 6.0	≤ 7.0	≤ 8.0

引自中国农业标准汇编（饲料产品卷），2009。

注：各项指标均以87%的干物质为基础计算。

4. 棉籽粕

感官要求为黄褐色或金黄色小碎片或粗粉状，有时夹杂小颗粒，色泽均匀一致，无发酵、霉变、结块及异味异臭。不得含有棉籽粕以外的物质。水分含量不得超过12%。根据配方和工艺要求，棉绒和棉籽壳应限制在一定范围内，一般要求棉绒不超过3%，棉籽壳不超过10%。此外棉籽粕产品按游离棉酚的含量（mg/kg）分为低酚棉籽粕（小于300）、中酚棉籽粕（300 备游离棉酚 750）及高酚棉籽粕（750 矣游离棉酚 1200）。棉籽粕产品的技术指标及分级见表5-4。

表5-4　饲料用棉籽粕质量指标及分类

指标项目	等级				
	一级	二级	三级	四级	五级
粗蛋白质（%）	≥ 50.0	≥ 47.0	≥ 44.0	≥ 41.0	≥ 38.0
粗纤维（%）	≤ 9.0	≤ 12.0	≤ 4.0	≤ 14.0	≤ 16.0
粗灰分（%）	≤ 8.0	≤ 8.0	≤ 9.0	≤ 9.0	≤ 9.0
粗脂肪（%）	—	—	≤ 2.0	≤ 2.0	≤ 2.0
水分（%）	≤ 12.0	≤ 12.0	≤ 12.0	≤ 12.0	≤ 12.0

引自中国农业标准汇编（饲料产品卷），2009。

注：除水分外各项指标均以87%的干物质为基础计算。

5. 菜籽粕

感官要求为褐色、黄褐色或金黄色小碎片或粗粉状，有时夹杂小颗粒，色泽均匀一致，无虫蛀、霉变、结块及异味异臭。不得含有饲料用菜籽粕以外的物质（如非蛋白氮等），若加入抗氧化剂、防霉剂、抗结块剂等添加剂时，要具体说明加入的品种和数量。此外，菜籽粕产品按异硫氰酸酯（isothiocyanate ITC）的含量（mg/kg，以88%干物质基础计算）范围分为低异硫氰酸酯菜籽粕（ITC ≤ 750）、中含量异硫氰酸酯菜籽粕（750 ≤ ITC ≤ 2 000）及高异硫氰酸酯菜籽粕(2 000 ≤ ITC ≤ 4 000)。菜籽粕产品的技术指标及分类见表5-5。

表5-5　饲料用菜籽粕质S指标及分类

指标项目	等级			
	一级	二级	三级	四级
粗蛋白质（%）	≥ 41.0	≥ 39.0	≥ 37.0	≥ 35.0
粗纤维（%）	≤ 10.0	≤ 12.0	≤ 12.0	≤ 14.0
赖氨酸	≤ 1.7	≤ 1.7	≤ 1.3	≤ 1.3
粗灰分（%）	≤ 8.0	≤ 8.0	≤ 9.0	≤ 9.0
粗脂肪（%）	≤ 3.0	≤ 3.0	≤ 3.0	≤ 3.0
水分（%）	≤ 12.0	≤ 12.0	≤ 12.0	≤ 12.0

引自中国农业标准汇编（饲料产品卷），2009。

注：除水分外各项指标均以87%的干物质为基础计算。

6. 饲料用低硫苷菜籽饼（粕）

感官要求为褐色或浅褐色，小瓦片状、片状或饼状、粗粉状，具有低硫苷菜籽饼（粕）油香味，无溶剂味，引爆试验合格，不焦不糊，无发酵、霉变或结块。不得掺入低硫苷菜籽饼（粕）以外的物质，若加入抗氧化剂、防毒剂等添加剂时，应做相应的说明。硫代葡萄糖苷（简称硫苷）含量表示每克饼粕（水分含量为8.5%）中所含硫苷总量微摩尔数，低硫苷油菜籽饼中硫苷含量小于45 pmol/g。低硫苷菜籽饼（粕）具体质量指标及分类见表5-6。

表5-6　饲料用低硫苷菜籽饼（粕）质量指标及分类

质量指标	低硫苷菜籽饼			低硫苷菜籽粕		
	一级	二级	三级	一级	二级	三级
ITC + OZT（mg/kg）	≤ 4 000	≤ 4 000	≤ 4 000	≤ 4 000	≤ 4 000	≤ 4 000
粗蛋白质（%）	≥ 37.0	≥ 34.0	≥ 30.0	≥ 40.0	≥ 37.0	≥ 33.0
粗纤维（%）	≤ 14.0	≤ 14.0	≤ 14.0	≤ 14.0	≤ 14.0	≤ 14.0
粗灰分（%）	≤ 12.0	≤ 12.0	≤ 12.0	≤ 12.0	≤ 12.0	≤ 12.0
粗脂肪（%）	≤ 10.0	≤ 10.0	≤ 10.0	—	—	—

引自中国农业标准汇编（饲料产品卷），2009。

注：各项指标均以87%的干物质为基础计算。OZT 为 oxazolidine。

7. 小麦麸

感官要求细碎屑或片状，色泽新鲜一致，无发霉、变质、结块及异味异臭，水分含量不超过13%，调拨运输的小麦麸的水分含量最大限度和安全贮存水分标准，可由各省、各自治区和直辖市自行规定。不得含有小麦麸以外的物质，若加入抗氧化剂、防霉剂等添加剂时，应做相应的说明。小麦麸可分为粗麸、中麸和细麸。不同的饲料品种对细度有不同的要求，猪、家禽、牛等畜禽饲料对粉碎细度没有太严格的要求，以粗麸和中麸为宜。水产饲料由于对粉碎细度有严格的要求，麸皮的粉碎性能较差，所以，加工水产饲料一般选用细麸或次粉。有细度要求时，可根据实际生产情况对细度加以控制。饲料用小麦麸质量指标及分级标准见表5-7。

表5-7　饲料用小麦麸质量指标及分类

质量指标	等级		
	一级	二级	三级
粗蛋白质（%）	≥ 15.0	≥ 13.0	≥ 11.0
粗纤维（%）	≤ 9.0	≤ 10.0	≤ 11.0
粗灰分（%）	≤ 6.0	≤ 6.0	≤ 6.0

引自中国农业标准汇编（饲料产品卷），2009。
注：除水分外各项指标均以87%的干物质为基础计算。

8. 花生饼（粕）

感官要求花生饼（粕）为黄褐色的小瓦块状或圆扁块状，花生粕为黄褐色或浅褐色不规则碎屑状。色泽新鲜一致，无发酵、虫蛀、霉变、变质、结块及异味异臭。花生饼（粕）易感染黄曲霉毒素，除非是新鲜货源，否则进库前应进行黄曲霉毒素检验，水分要求不超过12%，不得掺入其他物质，若加入抗氧化剂、防霉剂等添加剂时，应做相应说明。饲料用花生饼（粕）质量指标及分类标准见表5-8。

表5-8　饲料用花生饼（粕）质量指标及分类

质量指标	等级					
	一级		二级		三级	
	花生饼	花生粕	花生饼	花生粕	花生饼	花生粕
粗蛋白质（%）	≥ 48.0	≥ 51.0	≥ 40.0	≥ 42.0	≥ 36.0	≥ 37.0
粗纤维（%）	≤ 7.0	≤ 7.0	≤ 9.0	≤ 9.0	≤ 11.0	≤ 11.0
粗灰分（%）	≤ 6.0	≤ 6.0	≤ 7.0	≤ 7.0	≤ 8.0	≤ 8.0

引自中国农业标准汇编（饲料产品卷），2009。
注：各项指标均以87%的干物质为基础计算。

9. 向日葵饼（粕）

感官要求向日葵饼为黄灰色或褐色片状或块状，向日葵粕为浅灰色或浅黄褐色粉状或碎片状。色泽新鲜一致，无发酵发霉、变质、结块及异味。水分要求不超过12%，不得掺入其他物质，若加入抗氧化剂、防霉剂等添加剂时，应做相应说明。饲料用向日葵饼（粕）质量指标及分类标准见表5-9。

表 5-9 饲料用向日葵饼（粕）质量指标及分类

质量指标	等级					
	一级		二级		三级	
	向日葵饼	向日葵粕	向日葵饼	向日葵粕	向日葵饼	向日葵粕
粗蛋白质（%）	≥ 36.0	≥ 38.0	≥ 30.0	≥ 32.0	≥ 23.0	≥ 24.0
粗纤维（%）	≤ 15.0	≤ 16.0	≤ 21.0	≤ 22.0	≤ 27.0	≤ 28.0
粗灰分（%）	≤ 9.0	≤ 10.0	≤ 9.0	≤ 10.0	≤ 9.0	≤ 10.0

引自中国农业标准汇编（饲料产品卷），2009。

注：各项指标均以87%的干物质为基础计算。

10. 高粱

感官要求籽粒整齐，水分含量不超过14%。色泽新鲜一致，无发酵发霉、变质、结块及异味异臭。不得掺入高粱以外的物质，若加入抗氧化剂、防霉剂等添加剂时，应做相应说明。饲料用高粱质量指标及分类标准见表 5-10。

表 5-10 饲料用高粱质量指标及分类

质量指标	等级		
	一级	二级	三级
粗蛋白质（%）	≥ 9.0	≥ 7.0	≥ 6.0
粗纤维（%）	≤ 2.0	≤ 2.0	≤ 3.0
粗灰分（%）	≤ 2.0	≤ 2.0	≤ 3.0

引自中国农业标准汇编（饲料产品卷），2009。

注：各项指标均以87%的干物质为基础计算。

11. 大豆

外观呈黄色圆形或椭圆形粒状，表面光滑有光泽，脐为黄色、深褐色或黑色，异色粒不超过5%（不致影响到饲料产品的外观质量为限），无发霉、变质、结块及色泽气味正常，水分含量不大于13%。大豆需要热加工处理后才能加入到饲料中。饲料用大豆按不完善粒和粗蛋白质分等级，其质量指标见表 5-11。

表 5-11 饲料用大豆质量指标及分类

等级	不完善粒（%）		粗蛋白质（%）
	合计	热损伤粒	
一级	≤ 5.0	≤ 0.5	≥ 36.0
二级	≤ 15.0	≤ 1.0	≥ 35.0
三级	≤ 30.0	≤ 3.0	≥ 34.0

引自中国农业标准汇编（饲料产品卷），2009。

注：粗蛋白质以87%的干物质为基础计算。

12. 次粉

外观呈粉白色至浅褐色粉状，色泽新鲜一致，无发酵、霉变、结块及异味异臭，水分含量不超过 13%。不得掺入其他物质，若加入抗氧化剂、防霉剂等添加剂时，应做相应说明。饲料用次粉质量指标及分类标准见表 5-12。

表 5-12　饲料用次粉质量指标及分类

质量指标	等级		
	一级	二级	三级
粗蛋白质（%）	≥ 14.0	≥ 12.0	≥ 10.0
粗纤维（%）	≤ 3.5	≤ 5.5	≤ 7.5
粗灰分（%）	≤ 2.0	≤ 3.0	≤ 4.0

引自中国农业标准汇编（饲料产品卷），2009。

注：各项指标均以 87% 的干物质为基础计算。

13. 胡麻籽饼（粕）

感官要求胡麻籽饼呈褐色瓦片状、小薄片或饼状，胡麻籽粕呈浅褐色或黄色碎片或粗粉状。具有油香味，无发酵、霉变、结块及异味异臭，水分含量不超过 12%，不得掺入其他物质，若加入抗氧化剂、防霉剂等添加剂时，应做相应说明。饲料用胡麻籽饼（粕）质量指标及分类标准见表 5-13。

表 5-13　饲料用胡麻籽饼（粕）质量指标及分类

质量指标	等级					
	一级		二级		三级	
	胡麻籽饼	胡麻籽粕	胡麻籽饼	胡麻籽粕	胡麻籽饼	胡麻籽粕
粗蛋白质（%）	≥ 34.0	≥ 36.0	≥ 32.5	≥ 34.0	≥ 31.0	≥ 32.0
粗纤维（%）	≤ 9.0	≤ 10.0	≤ 10.0	≤ 11.0	≤ 11.0	≤ 12.0
粗灰分（%）	≤ 7.0	≤ 8.0	≤ 8.0	≤ 9.0	≤ 9.0	≤ 10.0

引自中国农业标准汇编（饲料产品卷），2009。

注：各项指标均以 87% 的干物质为基础计算。

14. 亚麻仁饼（粕）

感官要求亚麻仁饼为褐色大圆饼，厚片或粗粉状，亚麻仁粕为浅褐色或黄色不规则碎块状或粗粉状，具有油香味，无发酵、霉变、变质、结块及异味异臭，不得含有其他物质，水分含量不超过 12%。不得掺入其他物质，若加入抗氧化剂、防霉剂等添加剂时，应做相应说明。饲料用亚麻仁饼（粕）质量指标及分类标准见表 5-14。

表 5-14　饲料用亚麻仁饼（粕）质量指标及分类

质量指标	等级					
	一级		二级		三级	
	亚麻仁饼	亚麻仁粕	亚麻仁饼	亚麻仁粕	亚麻仁饼	亚麻仁粕
粗蛋白质（%）	≥ 32.0	≥ 35.0	≥ 30.0	≥ 32.0	≥ 28.0	≥ 29.0
粗纤维（%）	≤ 8.0	≤ 9.0	≤ 9.0	≤ 10.0	≤ 10.0	≤ 11.0
粗灰分（%）	≤ 6.0	≤ 8.0	≤ 7.0	≤ 8.0	≤ 8.0	≤ 8.0

引自中国农业标准汇编（饲料产品卷），2009。

注：各项指标均以 87% 的干物质为基础计算。

15. 碎米

感官要求为白色碎籽粒状。色泽新鲜一致，无发酵、霉变、结块及异味异臭。水分含量一般不超过 14%。不得掺入其他物质，若加入抗氧化剂、防霉剂等添加剂时，应做相应说明。饲料用碎米质量指标及分类标准见表 5-15。

表 5-15　饲料用碎米质量指标及分类

质量指标	等 级		
	一级	二级	三级
粗蛋白质（%）	≥ 7.0	≥ 6.0	≥ 5.0
粗纤维（%）	≤ 1.0	≤ 2.0	≤ 3.0
粗灰分（%）	≤ 1.5	≤ 2.5	≤ 3.5

引自中国农业标准汇编（饲料产品卷），2009。

注：各项指标均以 87% 的干物质为基础计算。

16. 小麦

感官要求为籽粒整齐，色泽新鲜一致，无发酵、霉变、结块及异味异臭。冬小麦水分含量不超过 12.5%，春小麦水分不超过 13.5%。不得掺入其他物质，若加入抗氧化剂、防霉剂等添加剂时，应做相应说明。饲料用小麦质量指标及分类标准见表 5-16。

表 5-16　饲料用小麦质量指标及分类

质重指标	等级		
	一级	二级	三级
粗蛋白质（%）	≥ 14.0	≥ 12.0	≥ 10.0
粗纤维（%）	≤ 2.0	≤ 3.0	≤ 3.5
粗灰分（%）	≤ 2.0	≤ 2.5	≤ 3.0

引自中国农业标准汇编（饲料产品卷），2009。

注：各项指标均以 87% 的干物质为基础计算。

17. 米糠

感官要求为浅黄灰色粉状。色泽新鲜一致，无酸败、霉变、结块、虫蛀及异味异臭。水分含量不得超过13%。不得掺入其他物质，若加入抗氧化剂、防霉剂等添加剂时，应做相应说明。饲料用米糠质量指标及分类标准见表5-17。

表5-17　饲料用米糠质量指标及分类

质重指标	等级		
	一级	二级	三级
粗蛋白质（%）	≥ 13.0	≥ 12.0	≥ 11.0
粗纤维（%）	≤ 6.0	≤ 7.0	≤ 8.0
粗灰分（%）	≤ 8.0	≤ 9.0	≤ 10.0

引自中国农业标准汇编（饲料产品卷），2009。
注：各项指标均以87%的干物质为基础计算。

18. 玉米蛋白粉

感官要求为浅黄色至黄褐色粉状或颗粒状。色泽新鲜一致，无发霉、结块或虫蛀及异味异臭。不得含有砂石等杂质，不得掺入非蛋白氮等物质，若加入抗氧化剂、防霉剂等添加剂时，应做说明。饲料用玉米蛋白粉质量指标及分类标准见表5-18。

表5-18　饲料用玉米蛋白粉质量指标及分类

指标项目	等级		
	一级	二级	三级
水分（%）	≤ 12.0	≤ 12.0	≤ 12.0
粗蛋白质（%）	≥ 60.0	≥ 55.0	≥ 50.0
粗脂肪（%）	≤ 5.0	≤ 8.0	≤ 10.0
粗纤维（%）	≤ 3.0	≤ 4.0	≤ 5.0
粗灰分（%）	≤ 2.0	≤ 3.0	≤ 4.0

引自中国农业标准汇编（饲料产品卷），2009。
注：各项指标均以87%的干物质为基础计算。

19. 鱼粉

鱼粉按色泽可分为红鱼粉和白鱼粉。感官要求红鱼粉外观呈浅黄棕色或黄褐色，白鱼粉呈黄白色。稍有鱼腥味，纯鱼粉口感有鱼松肉的香味。不得含有非鱼粉原料的含氮物质（植物油饼粕、皮革粉、羽毛粉、尿素、血粉或肉骨粉等）以及加工鱼露后的废渣，无酸败、氨臭、虫蛀、结块及霉变，水分含量不超过10%，挥发性氨态氮不超过0.3%。饲料用鱼粉质量指标见表5-19。

表 5-19　饲料用鱼粉质量指标及分类

质量指标	等级			
	特级	一级	二级	三级
粗蛋白质（%）	≥ 65	≥ 60	≥ 55	≥ 50
粗脂肪（%）	≤ 11（红鱼粉）	≤ 12（红鱼粉）	≤ 13	≤ 14
	≤ 9（白鱼粉）	≤ 10（白鱼粉）	—	—
水分（%）	≤ 10	≤ 10	≤ 10	≤ 10
盐分（以 NaCl 计）（%）	≤ 2	≤ 3	≤ 3	≤ 4
粗灰分（%）	≤ 16（红鱼粉）	≤ 18（红鱼粉）	≤ 20	≤ 23
	≤ 18（白鱼粉）	≤ 20（白鱼粉）	—	—
砂分（%）	≤ 1.5	≤ 2	≤ 3	≤ 3
赖氨酸（%）	≥ 4.6（红鱼粉）	≥ 4.4（红鱼粉）	≥ 4.2	≥ 3.8
	≥ 3.6（白鱼粉）	≥ 3.4（白鱼粉）	—	—
蛋氨酸（%）	≥ 1.7（红鱼粉）	≥ 1.5（红鱼粉）	≥ 1.3	≥ 1.3
	≥ 3.5（白鱼粉）	≥ 1.3（白鱼粉）	—	—
胃蛋白酶消化率（%）	≥ 90（红鱼粉）	≥ 88（红鱼粉）	≥ 85	≥ 85
	≥ 88（白鱼粉）	≥ 86（白鱼粉）	—	—
挥发性盐基氮（mg/100g）	≤ 110	≤ 130	≤ 150	≤ 150
油脂酸价（mg/g）	≤ 3	≤ 5	≤ 7	≤ 7
尿素（%）	≤ 0.3	≤ 0.3	≤ 0.7	≤ 0.7
组胺（%）	≤ 300（红鱼粉）	≤ 500（红鱼粉）	≤ 1 000（红鱼粉）	≤ 1 500（红鱼粉）
	≤ 40（白鱼粉）	≤ 40（白鱼粉）	≤ 40（白鱼粉）	≤ 40（白鱼粉）
铬（以六价铬计）（mg/kg）	≤ 8	≤ 8	≤ 8	≤ 8
粉碎粒度（%）	≥ 96（通过筛孔为 2.80 mm 的标准筛）			

引自中国农业标准汇编（饲料产品卷），2009。

注：各项指标均以 87% 的干物质为基础计算。

20. 喷雾干燥血球粉

感官要求为具有血制品特殊气味的暗红或类红色的均匀粉末，无腐败变质异味，不得含有植物性物质，不得有致病性微生物。不能用于反刍动物。饲料用喷雾干燥血球粉质量指标见表 5-20。

表 5-20　饲料用喷雾干燥血球粉质量指标

质量指标	要求
细度（通过孔径为 0.20 nun 试验筛）（%）	≥ 95.0
水分（%）	≤ 10.0
粗蛋白质（%）	≥ 90.0
粗灰分（%）	≤ 4.5
赖氨酸（%）	≥ 7.5
挥发性盐基氮（mg/100g）	≤ 45.0
铅（mg/kg）	≤ 2.0

引自中国农业标准汇编（饲料产品卷），2009。

注：各项指标均以 87% 的干物质为基础计算。

21. **血粉**

感官要求为具有血制品特殊气味暗红色或褐色干燥粉粒状物。色泽鲜亮，无霉变、腐败、结块、异味异臭，水分含量不超过 10%，能通过 2 ~ 3 mm 孔筛。血粉为健康动物的新鲜血液经脱水粉碎或喷雾干燥后的产品，不得掺入血液以外的物质。不能用于反刍动物。饲料用血粉质量指标及分类标准见表 5-21。

表 5-21　饲料用血粉质量指标及分类

质量指标	等级	
	一级	二级
粗蛋白质（%）	≥ 80.0	≥ 70.0
粗纤维（%）	≤ 1.0	≤ 1.0
粗灰分（%）	≤ 4.0	≤ 6.0

引自中国农业标准汇编（饲料产品卷），2009。

注：各项指标均以 87% 的干物质为基础计算。

22. **骨粉**

感官要求为浅灰褐至浅黄褐色粉状物，具有骨粉固有气味，无腐败气味。除含有少量油脂、结缔组织以外，不得添加骨粉以外的物质。不得使用发生疾病的动物骨加工饲料用骨粉。加入抗氧化剂应标明其名称。不得含有沙门菌，总磷含量不小于 11%，钙含量应为磷含量的 180% ~ 220%，粗脂肪小于 3%，水分不超过 5%，酸价（mg/g）不超过 3%。不能用于反刍动物。

（23）肉骨粉

感官要求为黄至黄褐色油性粉状物，具有肉骨粉固有气味，无腐败气味。除不可避免的少量混杂以外，不得添加毛发、蹄、角、羽毛、血、皮革、胃肠内容物及非蛋白氮物质。不得使用发生疾病的动物废弃组织及骨加工饲料用肉骨粉。加入抗氧化剂应标明其名称。不得含有沙门菌，水分含量不超过10%，总磷含量不小于3.5%，钙含量应为磷含量的180% ~ 220%，粗脂肪小于3%，水分不超过10%，粗纤维不超过3%。不能用于反刍动物。饲料用肉骨粉质量指标及分类标准见表5-22。

表5-22 饲料用肉骨粉质量指标及分类

等级	质量指标					
	粗蛋白质（%）	赖氨酸（%）	胃蛋白酶消化率（%）	酸价（KOH）（mg/g）	挥发性盐基氮（mg/100 g）	粗灰分（%）
一级	≥ 50	≥ 2.4	≥ 88	≤ 5	≤ 130	≤ 33
二级	≥ 45	≥ 2.0	≥ 86	≤ 7	≤ 150	≤ 38
三级	≥ 40	≥ 1.6	≥ 84	≤ 9	≤ 170	≤ 43

引自中国农业标准汇编（饲料产品卷），2009。

注：各项指标均以87%的干物质为基础计算。

第二节 饲料加工过程中的质量控制

饲料厂将合格原料加工成用户满意的优质饲料产品的过程中，饲料加工工艺与加工过程的质量控制极为重要。饲料的加工既是饲料生产过程也是饲料的质量控制过程，应当使每个工作人员都认识到他们所进行的工作与产品质量有着密切联系，因此，必须明确每个人所在的工作岗位在质量控制方面的职责。

一、配合饲料的质量标准

（一）仔猪、生长肥育猪配合饲料的质量标准

1. 外观要求

色泽一致，无发霉、变质、结块、异味异臭。

2. 水分标准

北方地区不高于14%，南方地区不高于12.5%。符合下列情况之一的，允许增加0.5%的含水量：①平均气温在10℃以下的季节；②从出厂到饲喂期不超过10天；③配合饲料中添加有规定量的防霉剂（必须在标签中注明）。

3. 加工质量指标

①成品粒度粉碎要求99%通过2.8 mm编织筛，不得有整粒的谷物；1.4 mm编织筛筛上物不大于15%。颗粒料根据猪日龄大小加工成粒径为3.2 ~ 8.0 mm的颗粒，颗粒长

度为粒径的 1.5 ~ 3 倍，制粒前的粉碎粒度同粉料。

②混合均匀度配合饲料成品应混合均匀，混合均匀度的变异系数（CV）不大于 10%。

4. 营养成分

营养成分指标见表 5-23。

表 5-23　仔猪、生长肥育猪配合饲料质量标准

质量指标	仔猪饲料		生长肥育猪饲料		
	前期（3 ~ 10 kg）	后期（10 ~ 20 kg）	前期（20 ~ 40 kg）	中期（40 ~ 70 kg）	后期（70kg至出栏）
粗蛋白(%)	≥ 18	≥ 17	≥ 15	≥ 14	≥ 13
粗脂肪(%)	≥ 2.5	≥ 2.5	≥ 1.5	≥ 1.5	≥ 1.5
粗纤维(%)	≤ 4	≤ 5	≤ 7	≤ 7	≤ 8
粗灰分(%)	≤ 7	≤ 7	≤ 8	≤ 8	≤ 9
钙（%）	0.7 ~ 1	0.6 ~ 0.9	0.6 ~ 0.9	0.55 ~ 0.8	0.5 ~ 0.8
总磷（%）	≥ 0.65	≥ 0.6	≥ 0.5	≥ 0.4	≥ 0.35
食盐（%）	0.3 ~ 0.8	0.3 ~ 0.8	0.3 ~ 0.8	0.3 ~ 0.8	0.3 ~ 0.8
赖氨酸(%)	≥ 1.35	≥ 1.15	≥ 0.9	≥ 0.75	≥ 0.6
蛋氨酸(%)	≥ 0.4	≥ 0.3	≥ 0.24	≥ 0.22	≥ 0.19
苏氨酸(%)	≥ 0.86	≥ 0.75	≥ 0.58	≥ 0.5	≥ 0.45

引自中国农业标准汇编（饲料产品卷），2009。

注：添加植酸酶的仔猪、生长肥育猪配合饲料，总磷含量可以降低0.1%，但生产厂家应制定相应的企业标准，在饲料标签上注明添加植酸酶，并注明其添加量。

（二）后备母猪、妊娠母猪、哺乳母猪和种公猪配合饲料质量标准

1. 外观要求

色泽一致，无发酵霉变、结块及异味异臭。

2. 水分标准

北方地区不高于 14%，南方地区不高于 12.5%。符合下列情况之一的，允许增加 0.5% 的含水量：①平均气温在 10℃ 以下的季节；②从出厂到饲喂期不超过 10 天；③配合饲料中添加有规定量的防霉剂（必须在标签中注明）。

3. 加工质量指标

①成品粒度粉碎要求 99% 通过 2.8 mm 编织筛，不得有整粒的谷物；1.4 mm 编织筛筛上物不大于 15%。颗粒料根据猪日龄大小加工成 3.2 ~ 8.0 pm 粒径的颗粒，颗粒长度为粒径的 1.5 ~ 3 倍，制粒前的粉碎粒度同粉料。

②混合均匀度配合饲料成品应混合均匀，混合均匀度的变异系数（CV）不大于10%。

4. 营养成分

营养成分指标见表5-24。

表5-24 后备母猪、妊娠母猪、哺乳母猪和种公猪配合饲料质量标准

质量指标	后备母猪		妊娠猪	哺乳母猪	种公猪
	20 ~ 60 kg	60 ~ 90 kg			
粗蛋白（%）	≥ 14	≥ 12.5	≥ 12	≥ 13.5	≥ 12
钙（%）	0.6 ~ 1.2	0.6 ~ 1.2	0.6 ~ 1.2	0.6 ~ 1.2	0.6 ~ 1.2
总磷（%）	≥ 0.45	≥ 0.45	≥ 0.45	≥ 0.45	≥ 0.45
粗纤维（%）	≤ 7	≤ 8	≤ 10	≤ 8	≤ 8
粗灰分（%）	≤ 5	≤ 6	≤ 6	≤ 6	≤ 5
食盐（%）	0.3 ~ 0.8	0.3 ~ 0.8	0.3 ~ 0.8	0.35 ~ 0.9	0.35 ~ 0.9
消化能（MJ/kg）	12.13	12.13	11.72	12.13	12.55

引自中国农业标准汇编（饲料产品卷），2009。

注：以上指标均以87.5%干物质基础计算。

（三）后备蛋鸡、产蛋鸡、肉用仔鸡配合饲料的质量标准

1. 外观要求

色泽一致，无发霉、变质、结块及异味异臭。

2. 水分指标

北方地区不高于14%，南方地区不超过12.5%。符合下列情况的允许增加0.5%的含水量：①平均气温在10℃以下的季节；②从出厂到饲喂期不超过10天；③配合饲料中添加有规定量的防霉剂（必须在标签中注明）。

3. 加工质量指标

①成品粒度肉用仔鸡前期配合饲料（粉料），后备蛋鸡（前期）配合饲料（粉料）99%通过2.8 mm编织筛，不得有整粒谷物，1.4 mm编织筛筛上物不得大于15%肉用仔鸡前期配合饲料整粒粒径要求1.5 ~ 2.5mm，最好将大颗粒破碎，制粒前的粉碎粒度同粉料。肉用仔鸡中后期配合饲料（粉料），产蛋后备鸡（中期，后期）配合饲料（粉料）99%通过3.35 mm编织筛，但不得有整粒谷物，1.70 mm编织筛筛上物不得大于15%，肉用仔鸡中后期配合饲料粒径要求为3.2 ~ 4.5 mm，制粒前的粉碎粒度同粉料。产蛋鸡配合饲料全部通过7.00 mm编织筛，但不得有整粒谷物，2.00 mm编织筛筛上物不得大于15%。

②混合均匀度配合饲料成品应混合均匀，混合均匀度的变异系数（CV）不大于10%。

4. 营养成分

营养成分指标见表 5-25。

表 5-25　产蛋后备鸡、产蛋鸡、肉用仔鸡配合饲料的质量标准

质量指标	产蛋后备鸡配合饲料			产蛋鸡配合饲料			肉用仔鸡配合饲料		
	育雏期	育成前期	育成后期	产蛋前期	产蛋高峰期	产蛋后期	前期	中期	后期
粗蛋白（%）	≥ 18	≥ 15	≥ 14	≥ 16	≥ 16	≥ 14	≥ 20	≥ 18	≥ 16
赖氨酸（%）	≥ 0.85	≥ 0.66	≥ 0.45	≥ 0.6	≥ 0.65	≥ 0.6	≥ 1	≥ 0.9	≥ 0.8
蛋氨酸（%）	≥ 0.32	≥ 0.27	≥ 0.2	≥ 0.3	≥ 0.32	≥ 0.3	≥ 0.4	≥ 0.35	≥ 0.3
粗脂肪（%）	≥ 2.5	≥ 2.5	≥ 2.5	≥ 2.5	≥ 2.5	≥ 2.5	≥ 2.5	≥ 3	≥ 3
粗纤维（%）	≤ 6	≤ 8	≤ 8	≤ 7	≤ 7	≤ 7	≤ 6	≤ 7	≤ 7
粗灰分（%）	≤ 8	≤ 9	≤ 10	≤ 15	≤ 15	≤ 15	≤ 8	≤ 8	≤ 8
钙（%）	0.6~1.2	0.6~1.2	0.6~1.4	2.0~3.0	3.0~4.2	3.0~4.4	0.8~1.2	0.7~1.2	0.6~1.2
总磷（%）	≥ 0.55	≥ 0.5	≥ 0.45	≥ 0.5	≥ 0.5	≥ 0.45	≥ 0.6	≥ 0.55	≥ 0.5
食盐（%）	0.3~0.8	0.3~0.8	0.3~0.8	0.3~0.8	0.3~0.8	0.3~0.8	0.3~0.8	0.3~0.8	0.3~0.8

引自中国农业标准汇编（饲料产品卷），2009。

注：添加植酸酶 ≥ 300 FTU/kg，产蛋后备鸡配合饲料、产蛋鸡配合饲料、产蛋鸡配合饲料总磷可以降低 0.10%；肉用仔鸡前期、中期和后期配合饲料中添加植酸酶 3750 FTU/kg；总磷可以降低 0.08%。添加液体蛋氨酸的饲料，蛋氨酸可以降低，但应在标签上注明添加种类和添加量。

FTU：植酸酶活性单位。在 37℃温度下，在饱和的植酸钠溶液中，植酸酶在 1 min 水解释放 1 μmol 无机磷称为 1 个活力单位。

（四）生长鸭、产蛋鸭及肉用仔鸭配合饲料质量标准

1. 外观及技术要求

①外观要求色泽一致，无结块、发霉、变质，不得有异味异臭；②水分指标同鸡料；③粉碎粒度，肉用仔鸭前期配合饲料、生长鸭前期配合饲料 99% 通过 2.80 mm 编织筛，但不得有整粒谷物，1.40 mm 编织筛筛上物不得大于 15%；肉用仔鸭中后期配合饲料、生长鸭中后期配合饲料 99% 通过 3.35 mm 编织筛，但不得有整粒谷物，1.70 mm 编织筛筛上物不得大于 15%；产蛋鸭配合饲料全部通过 4.00 mm 编织筛，但不得有整粒谷物，2.00 mm 编织筛筛上物不得大于 15%；④混合均匀度，鸭用配合饲料成品应混合均匀，混合均匀度为变异系数（CV）不大于 10%。

2. 营养成分

营养成分指标见表 5-26。

表 5-26　生长鸭、产蛋鸭及肉用仔鸭配合饲料质量标准

质量指标	生长鸭配合饲料			产蛋鸭配合饲料		肉用仔鸭配合饲料		
	前期	中期	后期	高峰期	产蛋期	前期	后期	中期
粗脂肪（%）	≥ 2.5	≥ 2.5	≥ 2.5	≥ 2.5	≥ 2.5	≥ 2.5	≥ 2.5	≥ 2.5
粗蛋白（%）	≥ 18	≥ 16	≥ 13	≥ 17	≥ 15.5	≥ 19	≥ 16.5	≥ 14
粗纤维（%）	≤ 6	≤ 6	≤ 7	≤ 6	≤ 6	≤ 6	≤ 6	≤ 7
粗灰分（%）	≤ 8	≤ 9	≤ 10	≤ 13	≤ 13	≤ 8	≤ 9	≤ 10
钙（%）	0.8 ~ 1.5	0.8 ~ 1.5	0.8 ~ 1.5	2.6 ~ 3.6	2.6 ~ 3.6	0.8 ~ 1.5	0.8 ~ 1.5	0.8 ~ 1.5
总磷（%）	≥ 0.6	≥ 0.6	≥ 0.6	≥ 0.5	≥ 0.5	≥ 0.6	≥ 0.6	≥ 0.6
食盐（%）	0.3 ~ 0.8	0.3 ~ 0.8	0.3 ~ 0.8	0.3 ~ 0.8	0.3 ~ 0.8	0.3 ~ 0.8	0.3 ~ 0.8	0.3 ~ 0.8
消化能（MJ/lcg）	≥ 11.51	≥ 11.51	≥ 10.88	≥ 11.51	≥ 11.09	≥ 11.72	≥ 11.72	≥ 11.09

引自中国农业标准汇编（饲料产品卷），2009。

注：以上指标均以 87.5% 干物质基础计算。

（五）肉用仔鹅精料补充料质量标准

1. 外观及技术要求

①色泽正常，无发酵霉变，结块及异味异臭；②水分指标同鸡料；③粉碎粒度，肉用仔鹅精料补充料 99% 通过 3.35 mm 编织筛，但不得有整粒谷物，1.77 mm 编织筛，筛上物小于 15.5%；④混合均匀度，鸭用配合饲料成品应混合均匀，混合均匀度为变异系数（CV）不大于 10%。

2. 营养成分

营养成分指标见表 5-27。

表 5-27　肉用仔鹅精料补充料质量标准

质量指标	阶段	
	前期	后期
粗蛋白（%）	≥ 18	≥ 15
粗纤维（%）	≤ 7	≤ 8
粗灰分（%）	≤ 8	≤ 8
钙（%）	0.8 ~ 1.5	0.8 ~ 1.5
总磷（%）	≥ 0.6	≥ 0.6
食盐（%）	0.3 ~ 0.8	0.3 ~ 0.8
消化能（MJ/kg）	≥ 10.9	≥ 11.3

引自中国农业标准汇编（饲料产品卷），2009。

注：以上指标均以 87.5% 干物质基础计算。

（六）奶牛精料补充料质量标准

1. 外观及技术要求

①色泽一致，无发酵霉变，结块及异味异臭；②水分指标同鸡料；③粉碎粒度，精料补充料99% 通过 2.80 mm 编织筛，但不得有整粒谷物，1.40 mm 编织筛，筛上物不得大于 20%；④混合均匀度，鸭用配合饲料成品应混合均匀，混合均匀度为变异系数（CV）不大于 10%。

（2）营养成分营养成分指标见表5-28。

表 5-28　奶牛精料补充料质量标准

质量指标	等 级		
	一级	二级	三级
粗蛋白（%）	≥ 22	≥ 20	≥ 16
粗纤维（%）	≤ 9	≤ 9	≤ 12
粗灰分（%）	≤ 9	≤ 9	≤ 10
钙（%）	0.7～1.8	0.7～1.8	0.7～1.8
总磷（%）	≥ 0.5	≥ 0.5	≥ 0.5

引自中国农业标准汇编（饲料产品卷），2009。

注：以上指标均以 87.5% 干物质基础计算。

（七）肉牛精料补充料质量标准

1. 外观及技术要求

①色泽一致，无发酵霉变，结块及异味异臭；②水分指标同鸡料；③粉碎粒度，一级精料补充料 99% 通过 2.80 mm 编织筛，但不得有整粒谷物，1.40 mm 编织筛，筛上物不得大于 20%；二、三级料 99% 通过 3.35 mm 编织筛，但不得有整粒谷物；1.70 mm 编织筛筛上物不得大于 20%；④混合均匀度，鸭用配合饲料成品应混合均匀，混合均匀度为变异系数（CV）不大于 10%。

2. 营养成分

营养成分指标见表5-29。

表 5-29　肉牛精料补充料质量标准

质量指标	等　级		
	一级	二级	三级
粗蛋白（％）	≥ 17	≥ 14	≥ 11
粗脂肪（％）	≥ 2.5	≥ 2.5	≥ 2.5
粗纤维（％）	≤ 6	≤ 8	≤ 8
粗灰分（％）	≤ 9	≤ 7	≤ 8
钙（％）	0.5～1.2	0.5～1.2	0.5～1.2
总磷（％）	≥ 0.4	≥ 0.4	≥ 0.3
食盐（％）	0.3～1.0	0.3～1.0	0.3～1.0
综合净能值（MJ/kg）	≥ 7.7	≥ 8.1	≥ 8.5
适用范围	犊牛	生长牛	肥育牛

引自中国农业标准汇编（饲料产品卷），2009。

注：以上指标均以 87.5% 干物质基础计算；肉牛精料补充料添加尿素，一般不得高于 1.5%，且需注明添加物名称，含量，用法及注意事项，犊牛料不得添加尿素。

（八）绵羊用精料补充料质量标准

1. 外观及技术要求

①外观要求色泽一致，质地均匀，无结块及发霉变质，不得有异味；②水分指标同鸡料；③粉碎粒度，精料补充料99% 通过 2.80 mm 编织筛，但不得有整粒谷物，1.40 mm 编织筛，筛上物不得大于 20%；④混合均匀度，变异系数（CV）不大于 10%。

（2）营养成分

营养成分指标见表 5-30。

表 5-30　绵羊用精料补充料质量标准

质量指标	阶　段					
	羔羊	育成公羊	育成母羊	种公羊	妊娠羊	泌乳羊
粗蛋白（％）	≥ 16	≥ 13	≥ 13	≥ 14	≥ 12	≥ 16
粗纤维（％）	≤ 8	≤ 8	≤ 8	≤ 10	≤ 8	≤ 8
粗脂肪（％）	≥ 2.5	≥ 2.5	≥ 2.5	≥ 3	≥ 3	≥ 3
粗灰分（％）	≤ 9	≤ 9	≤ 9	≤ 8	≤ 9	≤ 9
钙（％）	≥ 0.3	≥ 0.4	≥ 0.4	≥ 0.4	≥ 0.6	≥ 0.7
总磷（％）	≥ 0.3	≥ 0.2	≥ 0.3	≥ 0.3	≥ 0.5	≥ 0.6
食盐（％）	0.6～1.2	1.5～1.9	1.1～1.7	0.6～0.7	1	1

引自中国农业标准汇编（饲料产品卷），2009。

注：精料补充料中若包括非蛋白氮物质，以氮计，应不超过精料粗蛋白氮含量的20%（使用氨化秸秆的羊慎用），并在标签中注明。表中各指标均以干物质计。

二、预混料生产加工过程中的质量控制

预混料原料的质量以及预混料生产加工过程中的质量控制是确保预混料质量的根本保证。

（一）预混料原料的选择

预混料的原料包括各种营养性饲料添加剂、非营养添加剂、载体、稀释剂及吸附剂等。预混料原料的种类和营养特性参考有关内容，不再赘述。

1.维生素添加剂原料

选择维生素添加剂原料要从原料的稳定性、生物学活性、环境条件等方面进行选择。如酯化维生素 A 稳定性好于维生素 A 纯品维生素；经包被处理过的维生素 A 酯稳定性优于未进行包被处理的；维生素 C 要选用稳定性较高的维生素 C 钙盐或钠盐或经包被处理过的维生素 C 产品；在高温、高湿的夏季或湿热地区要选择稳定性好的单硝酸维生素 B1，而不选择盐酸硫胺等。

2.微量元素添加剂原料

微量元素添加剂原料包括无机类和有机螯合物两大类。选择的原则是根据其生物学利用率、稳定性、成本价格、来源等因素。虽然有机微量元素螯合物生物学利用率高于无机盐类，但其成本远高于无机盐，故在生产实际中仍然更多的使用无机盐类的微量元素添加剂。要注意在使用硫酸盐类微量元素添加剂时的吸湿返潮、流动性差、不易加工等问题，应选择经过预处理的微量元素硫酸盐，如经过干燥处理（脱水）、细粒化处理、添加防结块剂、涂层包被处理等。

3.其他饲料添加剂

非营养性饲料添加剂种类繁多、作用机制与应用范围不同。因此，在使用中应根据动物的品种、生理阶段、生理特点、配伍禁忌、生产目的等合理使用，以防止出现异常现象，甚至死亡。

4.载体

载体分为有机载体和无机载体。载体的选择要根据载体的承载力、粒度、容重、附着性、含水量、流动性、微生物含量、pH 等因素综合考虑。①维生素添加剂预混料的载体应选择含水量少，容重与维生素原料接近，pH 值近中性，化学性质稳定且附着性较好的载体。通常选择有机载体如淀粉、乳糖、脱脂米糠、麸皮等。其中脱脂米糠因其含水量低、容重适中、不易分级、表面多孔、承载能力较好而常作为维生素添加剂预混料的载体；②微量元素添加剂预混料的载体应选择化学性质稳定、不易变质、不易与微量元素发生反应的载

体，如石粉（碳酸钙）、白陶土粉、沸石粉、硅藻土粉等，但注意载体的使用量；③复合型添加剂的载体应选择能对不同组分有很好的承载能力，同时粒度、容重、pH 等符合要求的载体；④药物添加剂载体多选择含粗纤维较少的淀粉和乳糖。

5.稀释剂

稀释剂不具备承载能力，其作用是把活性微量组分的浓度降低，并把它们的颗粒彼此隔开，减少活性成分之间的反应，有利于保持活性成分的稳定性。稀释剂分为有机稀释剂和无机稀释剂。选择时要考虑稀释剂的粒度、含水量、密度、pH 等因素。

6.吸附剂

吸附剂的作用是把液态化合物变为固态化合物。吸附剂分为有机吸附剂和无机吸附剂。常用的有脱脂小麦胚粉、脱脂玉米胚粉、玉米芯碎片、粗麸皮、二氧化硅、蛭石和硅酸盐等。

（二）预混料生产加工过程中质量控制

①尽可能保证预混料原料微量元素成分的活性根据微量元素组分的理化性质及生物学特征在预混料原料的选购、接收、预处理（干燥和粉碎等）、储藏、生产加工等环节保持微量元素其原有活性。

②工艺流程简单预混料的生产如配料、混合、打包等工段应呈空间立体排列，尽可能减少提升和输送的次数，减少物料之间的交叉污染和混合后的分级。

③配料精度要求高生产预混料的配料系统要求精度高、误差小，并选择合理的配料工艺。

④混合均匀度高预混料生产使用的混合机要求 CV ≤ 5%、高效且低残留。

⑤包装要求高预混料的包装要求称量准确、无杂质污染和正确的标签。

⑥具有完善的检测系统预混料的检测要求具备良好的检测设备和高素质的检测人员，从而保证预混料的原料和成品质量。

⑦产品销售快生产出的预混料应尽快被动物使用，以保证其生物活性。

⑧劳动保护要求高预混料生产厂家应备有淋浴设备，以确保生产工人的安全，同时应定期为生产工人做体检，保证其健康。

三、配合饲料生产加工过程中的质量控制

（一）原料接收过程中质量控制

1.原料的验质

原料虽然在入库过程中进行了严格的检验，但由于储藏环境、储藏时间等因素的影响，饲料原料的品质会发生不同程度的变化，这种变化在使用时必须注意。如果发现原料结块、变质或异味，都应及时通知质检人员，坚决杜绝不合格原料投入生产线。

2. 投料

投料之前，投料人员必须根据控制人员的投料指令，核实原料的库存后，进行投料。错投或误投原料，将造成配料原料仓中原料混仓，在配料中操作人员或计算机就会把原料仓中的混料作为一种原料使用，从而造成配方执行错误，饲料质量无法保证。一般大中型饲料厂投料时，原料都投入地坑，再经输送设备输送至料仓；而且原料中常有大块杂质、绳头和结块，故投料前应检查地坑的格栅是否安装就位或损坏，如任意投入，就会损坏输送及其他设备或影响饲料质量。所以，无论投入何种原料，即使粉料，都需要在有格栅的情况下投料。

3. 磁选

磁选装置的完好程度直接影响饲料加工设备的正常使用。在大批原料投入时，原料中不可避免地会有磁性杂质。若磁性杂质进入生产线，会导致粉碎机筛网被击穿，有时还会损坏粉碎机锤片，如果进入制粒机，将会卡住制粒机，从而造成生产的中断，所以保证磁选装置的完好是设备维护的关键环节之一。另外，磁选装置还必须定期清理，每班至少清除 1 ~ 2 次，如未及时清理，原来被吸住的杂质，在原料的冲洗下，会再次进入下一工段，这样磁选装置就形同虚设。磁选装置不仅在原料的接收工段中安装，在粉碎机、制粒机入口和提升机出口也应该安装，而且都必须定期检查与清理。

4. 初清筛

初清筛作用是进一步除去原料中进入下一工段的杂质。接收工段中原料有时掺杂着一些较大的杂质如绳头、纸片、木屑和席头等，需要在初清筛中及时除去。因此，初清筛的完整和正常工作是非常重要的。初清筛必须定期检查与清理，一般每班一次。如不能及时清理，就会发生堵料现象。如筛筒破损，初清筛的作用就会丧失，一些杂质进入粉碎机堵塞粉碎机筛孔，造成粉碎机生产能力下降，从而影响生产的正常进行。

5. 振动筛

振动筛是在原料接收工段中把不同粉碎的原料绕过粉碎机进入下一工段，筛上物进入粉碎机粉碎（有时根据工艺要求不同还有其他类似功能，如成品料的颗粒等级等），其筛上物和筛下物有严格区分界限。所以，振动筛功能的好坏，将直接影响筛选质量。振动筛需要根据对物料的不同要求安装不同规格的筛网，还需检查、核定筛网规格。另外，每班必须检查筛网的完好程度，若发生破损应马上更换，否则，不应作为筛下物的物料进入筛下，影响产品质量。

6. 料仓

饲料生产过程中的料仓有原料仓、待粉碎仓、配料仓、缓冲仓、待制粒仓、成品仓等。原料仓主要用于大宗原料的储藏，如玉米、豆粕，一般选用筒仓，原料仓中原料的质量是配合饲料质量好坏的关键，需要定期检查原料仓（筒仓）是否有破损、漏雨、鼠害、虫害等现象。大宗原料储藏时间长，为了防止结拱，还需要定期进行倒仓，有时有的原料在仓中存放时间过长，在使用前应检查仓中原料质量是否发生变化，如有质量问题必须停用仓中原料。配料仓数量多，是配料过程中电子秤直接领取原料的料仓，主要储藏粉碎后的粉料，配料仓的大小需要根据配方中原料的用量来选择。配料仓一般在建厂时现场制作安装，因此在设计时就应考虑物料的自流角，设计时料斗倾斜角应比流动性最差的粉料的自流角大 5° ~ 15°，尽管如此，如果管理不当，仍会出现料仓的结块现象。如物料水分过高、储藏时间过长或其他原因，就会结拱或粘在仓壁上，所以，对原料仓要进行定期（如每 2 个月 1 次）清扫和检查，以防物料在仓中发生结块而不能卸空，导致发霉后进入饲料中影响饲料质量。正常情况下，保持仓中原料放净，确认仓中无残留后再放入新的原料，杜绝料仓混料。

（二）粉碎过程中质量控制

1. 粉碎机

粉碎机是饲料加工过程中减小原料粒度的加工设备。应定期检查粉碎机捶片是否磨损，筛网有无破损、漏缝、错位等，一般每班一次。粉碎机对产品质量的影响非常明显，直接影响饲料的最终质量（粉料）和外观的形成（颗粒料）。操作人员应经常注意观察粉碎机的粉碎能力和粉碎机排出的物料粒度。若粉碎机超出常规的粉碎能力（速度过快或粉碎机电流过小），或者发现粉碎机排出物料中有整粒谷物（如玉米等）、粒度过粗的情况，可能是因为粉碎机筛网击穿，应及时停机检查，检查粉碎机筛网有无漏洞或筛网错位，发现问题及时进行修理和更换筛网。整粒谷物或粒度过粗不仅会造成产品质量问题（不合理的粉料），还会降低制粒机的制粒性能和颗粒饲料质量。检查粉碎机有无异常发热现象，一般当粉碎机堵料、后续输送设备故障或锤片磨损时，粉碎性能降低，使被粉碎的物料发热。无论是什么原因，粉碎物料积热应及时解决，否则会毁坏粉碎机或物料造成不良影响，从而影响饲料质量，甚至引发火灾。

2. 转向阀、分配器

转向阀和分配器是改变或控制物料流动方向的阀门。粉状原料和粉碎后粉料在转向阀和分配器的作用进入指定的料仓，因此开机前控制人员应检查转向阀的方向是否正确、到位。如转向错误或转向不到位，物料就会不按规定的流程进入下一工段或料仓，造成工艺紊乱和原料进错配料仓，生产出的产品就不可能是合格的产品。

3. 溜管

溜管设计安装时保持了一定的角度，不会发生堵料现象。如有过大或过细的物料在其中溜过时，有时也会有堵料现象，这就要求设备维护人员及时清理，保障物料畅通。若使用时间过长，发生锈蚀或磨损而漏料，应及时更换或补漏，保障溜管的正常工作。不然发生漏料不仅造成损失，而且还会影响饲料质量。

4. 提升和水平输送设备

饲料厂中提升（斗式提升机）和水平输送（刮板输送机和螺旋输送机）设备很多，主要负责把物料送达指定部位。应定期检查有无漏料或散落现象。

（三）配料过程中质量控制

配料的关键是称量，是执行配方的首要环节。称量的准确性对饲料产品的质量至关重要。

小型饲料厂普遍采用人工称量（重量式）配料，然后投入混合机，因此要求操作人员一定具有很强的责任心和质量意识，否则人为误差很可能造成严重的质量问题。在称量过程中，首先，要求秤（或其他称量器具）合格有效，要求每周由技术管理人员对秤进行一次校准与保养，每年由标准计量部门至少进行一次检定；其次，每次称量必须把秤周围清扫干净，称量后将散落在秤或称量器具上的物料全部倒入混合机中，以保证进入混合机的原料数量准确；再次，尽可能不使用容积式配料，因为容积计量的准确度低，更不能用估计值来作为投料数量；最后，要有正确的称量顺序。

大中型饲料厂目前采用自动配料系统，具有可靠性好、灵敏度高、配料速度快且易与其他工段连接等优点。自动配料系统的关键是电子秤、给料器和配料仓。对于电子秤，配料前，需检查悬挂秤斗的自由程度，以防止机械性卡住而影响称量精度；在称量过程中，必须保持电子秤体的清洁，因为，电子秤由计算机控制自动称量或置零，秤体上的粉尘或其他物品都会直接影响称量效果，故禁止在秤体上放置任何物品或人为撞击电子秤体；管理上，必须定期检验与检定电子秤。对于给料器，需要定期保养与检查，当给料器的螺旋叶片磨损后，给料速度变化，从而导致称量的准确性降低，因此需要定期校正"空中料"的重量。对于配料仓，每种原料尽可能固定仓位，以减少因原料容积质量的变化而造成的称量不精确。

为了保证各种微量成分，特别是药物性添加剂，准确均匀地添加到配合饲料中，称量时要求使用高灵敏度的秤或天平，所用秤的灵敏度至少应达到 0.1%，并根据原料的和实际用量来配备不同的秤。秤的灵敏度和准确度至少每月进行一次校正。在配料过程中，原料的使用和库存要每批每日有记录，有专人负责管理并定期对生产和库存情况进行核查。手工配料时，应使用不锈钢料铲，并做到专料专用，以免发生交叉污染。

（四）混合过程中质量控制

混合就是在外力作用下，各种物料互相掺和，使之在任何容积里每种组分的微粒均匀分布。其目的是为了将配方中的每种原料均匀混合，而提供这个外力的就是混合机。如果不能将饲料原料混合均匀，就不能完全实现配方的目的并发挥其作用，造成很大的浪费，甚至引起畜禽中毒。

1. 原料的添加顺序

添加顺序为：先加入量大的原料，再加入量少的原料。量少的原料（如维生素、矿物质和药物的预混料）在配合饲料中用量很小，若先添加，就可能落到缝隙或混合机的死角处，不能与其他原料充分混合，从而造成经济价值较高的微量成分损失，而且使饲料的营养成分不能达到在配方中应有的水平，还会对下一批饲料造成污染。所以，量大的原料应首先加入的混合机中，在混合一段时间后再加入微量成分。液体原料添加的顺序为：先将粉状原料混合均匀，然后再将液体喷洒在上面，继续混合至均匀。在加入液体原料时要经过混合机上部的喷嘴喷洒，以雾状喷入混合机中，这样可以使液体原料在饲料中分布均匀，而不至于使混合机中饲料成团。若在饲料中需加入潮湿原料，应在最后添加，这是因为加入潮湿原料可能使饲料结块，使混合更不易均匀，从而增加混合时间。

含有液体原料的饲料需要相应延长混合时间，目的是保证液体原料在饲料中均匀分布，并将可能形成的饲料团都搅碎。为了保证饲料的均匀混合，加入各种饲料原料的顺序是十分关键的，其顺序应为：①加入量大的原料；②加入微量成分如添加剂、氨基酸和药物等；③用喷雾嘴喷入液体原料如油、水、液体氨基酸等；④加入潮湿原料。

2. 混合机的混合均匀度

混合均匀度用变异系数（CV）表示。变异系数对配合饲料应不超过 10%，对于预混合添加剂则不应超过 7%。

3. 混合时间

混合时间应以混合均匀为限。混合时间不够，饲料混合不均匀，影响饲料质量；混合时间过长，不仅浪费时间和能源，对混合均匀度也无益处。最佳混合时间指达到混合均匀度最高（变异系数最小）时，所需的最短混合时间。最佳混合时间与混合机类型、原料的物理性质如粒度、流散性等有关。不同类型的混合机的最佳混合时间差异较大，一般混合机的混合时间为：卧式混合机 3 ~ 7 min，立式混合机 8 ~ 15 min。因此，确定最佳混合时间是十分必要的。

4. 混合机充满系数

分批卧式螺旋环带式混合机，其装填程度（充满系数）一般为 0.6 ~ 0.8 较为适宜，料位最高不能超过转子顶部平面，最小装入量不低于混合机主轴以上 10 cm 的高度。分批立式混合机的充满系数一般控制在 0.8 ~ 0.85。

5. 混合过程中应注意的问题

①加药饲料的生产应根据药物类型，先生产药物含量高的饲料，再依次生产药物含量低的饲料；不应在生产同一加药饲料后生产不加药的奶牛饲料（药物残留）；在生产加药猪饲料后，只能生产另一种猪饲料；在生产加药鸡饲料后，只能生产另一种鸡饲料或猪饲料；在生产肉牛饲料后，只能生产另一种肉牛饲料。

②混合机的清理立式混合机残留料较多，容易产生交叉污染。更换配方时，应将混合

机中残留的饲料清理干净。

③混合机的维护保证混合机的正常工作，对混合机进行检查和维护，是保证饲料混合均匀合格的工作基础。检查混合机螺旋或桨叶是否开焊，检查混合机螺旋或桨叶是否磨损，卧式混合机的工作料面是否平整，料面差距大时说明桨叶已磨损；卧式混合机在打开下口排料时，是否能完全将料排入缓冲仓；在混合机工作时检查机下口是否漏料进入缓冲仓；定期清除混合机轴及桨叶上的绳头等杂物；检查油或其他液体添加系统是否打开，流量是否正常。

（五）制粒过程中质量控制

1. 制粒前的质量控制

为确保产品的质量，制粒前要对设备进行以下几个方面的检查与维护：①清理制粒机入口的磁铁，避免饲料中的磁性杂质进入制粒机环模，影响制粒机的正常工作；②检查环模和压辊的磨损情况，压辊的磨损能直接影响生产能力，环模磨损过度，其压缩比降低，将影响颗粒质量；③定期给压辊加润滑脂，保证压辊的正常工作；④检查冷却器内部是否有物料积压、冷却盘或筛面是否损坏；⑤定期检查破碎机轧辊，辊筒波纹齿磨损变钝，会削弱破碎能力，降低产品质量；⑥检查分级筛筛面是否有破洞、堵塞和黏结现象，筛面必须完整无破损，以达到正确的颗粒分级效果；⑦检查制粒机切刀，切刀磨损，会导致颗粒饲料中粉末增加；⑧检查蒸汽的汽水分离器，以保证进入调质器的蒸汽质量，以免影响生产能力和饲料颗粒质量；⑨换料时，检查制粒机上方的缓冲仓和成品仓是否完全排空，以防止发生混料。

2. 调质

对淀粉含量多的物料，宜采用低压蒸汽，蒸汽添加量增加，对蛋白质含量较高的物料，应控制蒸汽添加量，提高蒸汽压力，因此，为了提高调质效果，必须控制蒸汽压力。一般生产颗粒饲料可根据实际操作的需要，调质后饲料的水分在16% ~ 18%、温度在75 ~ 85℃之间。

3. 模辊间隙

正确调整模辊间隙可以延长环模和压辊的使用寿命，提高生产效率和颗粒质量。调整要求如下：将压辊调到当环模低速旋转时，压辊只碰到环模的高点。这个间隙使环模和压辊间的金属接触减到最小，减少磨损，又能提供足够的摩擦力使压辊转动。

4. 原料的粉碎粒度

原料粒度太细，加工速度低，生产率下降；粒度太粗，颗粒成型率下降，颗粒易破损；最好是粗、中、细适度（粗、中粉料所占比例不超过20%）。还可根据不同用途来调整饲料的粒度，肉鸡饲料的粒度可大些，在15 ~ 20目即可；鱼虾饲料的粒度要求要细些，一般在40 ~ 60目；一些特殊饲料的粒度要求更细，在80 ~ 120目。

5. 对成型颗粒的要求

（1）颗粒成型率用小于粒径 20% 的丝网筛筛分颗粒饲料，筛上物的百分比即可代表颗粒成型率。如颗粒饲料的粒径为 5.0 mm，则用 4.0 mm 的丝网筛筛分。畜禽饲料的颗粒成型率要求大于 95%，鱼虾饲料的颗粒成型率大于 98%。

（2）颗粒长度直径在 4 mm 以下的饲料其长度为粒径的 2 ~ 5 倍，直径在 4 mm 以上的饲料颗粒其长度为粒径的 1.5 ~ 3 倍。

（六）包装与储藏的质量控制

包装和储藏过程是饲料加工和质量控制的最后一工段。按规定的加工工艺进行操作和合理的质量控制，是饲料质量控制的重要环节。

1. 包装饲料的质量控制

（1）包装前的质量检查检查项目包括：被包装的饲料和包装袋及饲料标签是否正确无误；包装秤的工作是否正常；包装秤设定的数量是否与要求的称重量一致。从成品仓中放出部分待包装饲料，由质检人员进行检验，检查饲料的颜色、粒度、气味以及颗粒饲料的长度、光滑度、颗粒成型率等，并按规定要求对饲料取样。

（2）包装过程中的质量控制包装饲料的重量应在规定范围之内，一般误差应控制在 1% ~ 2%；打包人员应随时注意观察饲料的外观，发现异常情况及时报告质检人员，听候处理；缝包人员要保证缝包质量，不得将漏缝和掉线的包装饲料放合格成品中；质检人员应定期抽查检验，包括包装的外观质量和包重。

2. 散装饲料的质量控制

散装饲料的质量控制一般比袋装饲料简单。在装入运料车前对饲料的外观检查同包装饲料；定期检查卡车地磅的称量精度；检查从成品仓到运料车间的所有分配器、输送设备和闸门的工作是否正常；检查运料车是否有残留饲料，在运送不同品种的饲料时，卸料后要将运料车内清理干净，防止不同饲料间交叉污染。

3. 成品储藏过程的质量控制

成品饲料在库房中应码放整齐，合理安排使用库房空间。同时应注意以下问题：①建立"先进先出"制度，因为码放在下面和后面的饲料会因存放时间过长而变质；②在同一库房中存放多种饲料时，要预留出足够的距离，以防止混料或发错料；③保持库房的清洁，对于因破袋而散落的饲料应及时重新装袋并包装，放入原来的料垛上；如果散落饲料发生混料或被污染，就应及时处理，不得再与原来的饲料放在一起；④检查库房的顶部和窗户是否有漏雨现象；⑤定期对饲料成品库进行清理，发现变质或过期饲料及时申请有关人员处理；⑥做好防虫、防鼠和防蛇工作。

第六章　饲料加工过程中的安全防治

饲料厂安全卫生是饲料生产过程中需要控制的重要环节,饲料生产中产生的噪声、粉尘不仅污染环境,而且粉尘还会对机械造成严重磨损,导致生产成本增加。据统计,随着工业的发展,噪声问题在国际上日益严重,美国占全国总人口的40%受到噪声的严重干扰,20%人口处于听觉受损害的强噪声威胁之下,故有人把噪声视为一种新的致人死命的慢性毒药。而粉尘积累到一定程度时则存在爆炸性的威胁,资料显示,饲料厂是容易发生粉尘爆炸的重要生产场所之一,特别是配合饲料生产厂。此外,饲料安全还与原料卫生(微生物、霉菌毒素)有关。本章主要从以下3个方面对饲料卫生中存在的安全问题进行了讨论:①霉菌及其毒素;②细菌及其毒素;③仓库害虫及其有害产物。

第一节　噪声防治

一、噪声的危害

在《中华人民共和国环境噪声污染防治法》中,环境噪声是指在生产、建筑施工、交通运输和社会生活中所产生的影响周围生活环境的声音。噪音可以用声压计测量。我国颁布的《工业企业噪声卫生标准》规定,工业企业生产车间和作业场所的噪声标准为85 dB(分贝),现有企业经过努力暂时达不到该标准时,可放宽到90 dB。而在饲料厂中,许多设备和装置,如饲料粉碎机、高压离心风机、初清筛、分级筛等,工作时产生的噪声都超过90 dB,有的甚至超过了100 dB。如果人长时间工作在噪声环境下,会使人感到刺耳难受,久之使人听觉迟钝,甚至导致噪声性耳聋,并引起多种疾病,降低劳动生产率。

噪声污染有两个特点:一是影响范围广,一个很大的噪声源,严重干扰周围居民生活;二是没有后效,噪声源消除了,污染立即消失。

二、饲料厂的噪声来源

饲料厂的噪声主要来源于风机、粉碎机和筛选设备。以离心式风机为例,噪声的大小主要与风机的叶轮圆周速度(即转速)与叶轮直径的大小有关。转速增加或叶轮增大,噪音也随之增加。另外,风机的叶轮的叶片形式,风机各部件的加工精度和安装的质量对噪音的影响也很大。

三、饲料厂噪声防治的原理与方法

噪声控制包括 3 个基本因素，即噪声源、传播途径和接收者。只有对这 3 个因素进行全面考虑，才能制订出既经济又能满足降低噪音要求的措施。当然，控制噪声最根本、积极的办法是从声源上着手，如设计制造较低噪声的新型设备等。如果由于技术上或经济上的某些原因，目前尚难以从声源上解决噪声，或经过努力仍达不到噪声的允许值时，就要采取控制噪声传播途径的方法来减少它向周围的辐射。机械设备的噪声通常有两种形式：空气噪声和固体噪声。它们均可用隔声和吸声等措施达到降噪目的。合理配置噪声源也是一项重要措施。其原则是：安静区与噪声区分开；高噪声与低噪声的设备分开；把噪声极强的设备安置在地下或较偏僻的地方，尽可能地减少噪声的污染。另外，还可采取戴耳塞或防噪声头盔的办法，减少噪声对接收者的危害。

1. 消声器

消声器是利用对声音的吸收、反射、干涉等措施达到消声目的的装置。消声器只对空气噪声有效。对消声器的要求是：消声量大、空气动力性能好（阻力小）、体积小、耐用、价廉。消声器一般可分为 3 类：阻性消声器、抗性消声器和阻抗复合消声器。

2. 隔振和阻尼

隔振是把传来的振动波通过反射等措施使其改变方向或减弱。隔振装置有隔振橡胶、弹簧、空气垫、缓冲器等。饲料厂通常采用橡胶减振器来减弱机器对基础的振动。风机尽可能安装在较重的基础上，并用空气层与周围的地基隔开，在风机与基础以及基础之下都要安装减振器。在饲料厂，除振动的机械设备外，还有一些送风系统和除尘系统的管道是传递振动的导体。为了减弱固体噪声，可将刚性连接改为柔性连接，如采用帆布、人造革或橡胶等制成的短管连接。当管道穿过楼板和墙壁时，要用弹性隔振材料（如沥青毛毡、泡沫塑料等）垫衬包裹其周边的缝隙，以减少空气噪声的透过。凡固定管道用的吊钩、支架等也应采用弹性隔振措施，以减少噪声的传递。

阻尼是指把振动产生的机械能转化为热能而被吸收，使振动受到限制，这种振动能量的损耗作用称为阻尼。阻尼材料包括沥青、橡胶以及一些高分子涂料等各种材料，它们具有内摩擦、内损耗大的特性，适宜于防治由鼓风机、气力输送管道等各种装置的薄板外壳辐射出的固体噪声。为取得满意的减振效果，阻尼涂料的涂敷厚度一般应为金属薄板厚度的两倍以上。

3. 吸声

室内的噪声由两部分组成，一部分是机器通过空气媒质传来的直达声，另一部分是从各个壁面反射回来的混响声。因此，室内噪声级比同样噪声源放在室外所产生的噪声级要高出 10 dB 左右。采用吸声处理，就是依靠吸声材料或吸声结构来吸收混响声（对直达声无效果），这种吸声减噪的方法，是控制工业噪声的主要措施之一。

吸声材料一般装饰在房间的内表面上，也可把吸声材料做成空间吸声体的形式，悬挂在屋顶下。据资料显示，当空间吸声体的面积占室内地坪面积40%左右时，即可取得满铺吸声饰面相近的效果。但采用悬挂法时，不应影响设备的布局和采光照明。材料吸声的能力，用吸收声能与入射声能的比值，即吸声系数 α 表示。吸声材料的 α 值要求在0.2以上。可供选用的吸声材料和吸声结构的种类很多，根据其吸声原理和结构，可分为三大类（表6-1）。

表6-1　饲料厂吸声材料和吸声结构的分类

分类	吸声特性	主要材料、结构	备注
多孔性材料	α ~ f	玻璃棉、石棉、矿渣绒喷涂材料；软质氨基甲酸乙泡沫（连续气泡）	选定厚度；表面处理；背后的空气层
板（膜）状材料	α ~ f	板等板状材料；金属板	面密度；背后的空气层；底层材料；安装方法（底层的间隔、打钉、钻）
共鸣型结构	α ~ f	在板状材料上开有孔穴和狭缝	孔穴和狭缝尺寸板厚

引自饲料工业职业培训系列教材编审委员会，1998。

4. 隔声

用壁面把声波遮住和反射回去，把噪声源与接收者分隔开来的措施称为隔声。隔声是依靠材料的密实性，利用声能的反射而隔声。坚实厚重的壁面对噪声的隔离效果较好。隔声的办法一般是用隔声罩把噪声源密闭。但有时为了维修方便或有利于机器设备的散热通风，也可用声屏障将噪声屏蔽起来，使噪声源向声屏障后面辐射的声能降低。或者在最吵闹的车间建立控制用的隔声间，保护操作者不受噪声干扰。隔声结构的种类很多，有单层墙、双层空气墙或充填吸声材料的双层墙等，可根据隔声要求而定。对于饲料厂的粉碎机组、高压离心风机等噪声源，一般选用单层密实均匀的隔声结构件已能满足要求。有空气层的双层墙壁的隔声量与同样重量的单层墙壁相比，可改善 5 ~ 10 dB。对同一隔声量，双层墙比单层墙重量减少 2/3 ~ 3/4，一般两壁之间的空气层以 10 cm 左右为宜。为了提高双层墙的隔声效果，应避免墙与墙的刚性连接。用多孔材料填充的双层壁，可以改善空气层双层壁降低低频区的共鸣透射的不足。

在实际中，防治噪声要采取综合措施。既要采用吸声、隔声、消声的办法，又要采取隔板、阻尼的措施，有时还要与建筑结合起来，如运用改变声源方向（如背离住宅）、合理布局、拉开距离等措施，就可取得较好的效果。

第二节　粉尘防治

粉尘问题是饲料厂环保工作的重点。粉尘易使环境污染，影响人的身体健康。人体吸入过多的粉尘，会引起鼻腔、咽头、眼睛、气管和支气管的黏膜发炎。粉尘越细，在空中停留的时间越长，被吸入的机会越多，对肺组织的致纤维化作用也明显，是造成尘肺、矽肺等疾病的直接原因。粉尘还能加速机械的磨损，影响生产设备的寿命。粉尘落到电气设备上，有可能破坏绝缘或阻碍散热，易造成事故。灰尘排至厂外，影响周围环境卫生。在条件具备的情况下，粉尘还会出现燃烧或爆炸事故，具有很大的破坏性。如美国饲料厂发生粉尘爆炸事故频繁，1980 年一年中就发生 26 起立筒仓粉尘爆炸事故，造成 7 人受伤，损失很大；1993 年哈尔滨粮库玉米烘干车间发生一起粉尘爆炸事故，导致整个烘干车间及外围清理车间、烘干塔主楼、锅炉房等被炸裂、坍塌和烧毁，造成 8 人受重伤，车间生产严重瘫痪。

一、粉尘的来源

在饲料生产过程中所使用的原料、辅助材料以及成品、半成品、副产品的生产过程中会散发出大量的微细的固体颗粒，并飘浮在空气中，这种气体与固体颗粒的混合物称为气溶胶（即气体作为分散系，微粒作为固态分散相——粉尘）。治理悬浮于空气中的粉尘是通风除尘的主要任务。

粉尘主要来源于以下几个方面：①固体物料的机械粉碎过程，如破碎机、球磨机等加工物料的过程；②粉状料的混合、筛分、包装运输等过程；③物质的燃烧过程，如煤在燃烧时会有大量的微细炭粉散发出来；④固体表面的加工过程，如制粒、打磨、抛光等工艺过程；⑤物质被加热时发生氧化、升华、蒸发与凝结等，在其过程中产生并散发出固体微粒。

二、粉尘的危害

1. 对人体健康的影响

粉尘对人体的危害程度取决于粉尘的化学性质、空气含尘浓度以及粉尘的分散度等。有些金属性粉尘如铬尘、锰尘、铅尘等，由于其化学性质的作用，进入人体后会直接引起中毒或发生病变，严重时可能导致死亡。铬尘会引起鼻溃疡或穿孔，甚至导致肺癌；铅尘使人贫血，损坏人的神经及肾脏等。空气中粉尘浓度分散度越大，对人体危害程度就越严重。因为粉尘浓度大，即空气中粉尘含量多，被人们吸入体内的机会增多；分散度大即粉尘粒径小，特别是粒径小于 5 pm 的粉尘，容易通过呼吸道进入肺部，以至在肺泡内沉积，久而久之，导致"尘肺"，如 SiO2 粉尘引起的矽肺等。所以特别需要注意空气中浓度大、分散度也大的粉尘的防治。

另外，粉尘在空气中也会吸附细菌或病毒，进入人体内会由于细菌或病毒使人发病，这样粉尘就成了传播疾病的媒介，这就是粉尘对人体的间接危害。

2. 粉尘对仪器设备以及产品的危害

在粉尘环境中工作的仪器设备，粉尘沉降在其运转部位上，尘粒成了研磨膏，使运转部件磨损，从而降低其精度，缩短使用寿命；粉尘降落在生产产品上，将直接影响产品的质量，改变产品的性能，甚至使其报废。有时粉尘浓度超标还可能酿成重大事故（如粉尘爆炸）。

三、粉尘的防治

要减少饲料厂粉尘污染和爆炸的可能性，就须采用必要的防尘措施和除尘设备。主要防尘措施有如下几方面：

①设计合理的吸尘装置（合理通风量、管道风速、进风和出风速度、静压及吸尘点处捕尘风速等），合理安装和布置吸尘系统，在使用中加强管理和维修（如定期清除积尘，防止堵塞和漏风，每日监测袋式除尘器分压变化等）。

②密闭除尘设备和设施，防止粉尘外溢。

③简化物料流动（特别是添加剂预混料和配合饲料），减少物料自由落入料仓（或其他容器）的次数和落差，以减少粉尘形成的机会。在保证要求物料粒度（包括微量组分）条件下，避免物料过度粉碎，以达到降低物料尘化和抑尘的目的。

④提高除尘设备的效率，以免使已收集的粉尘扩散。

⑤确保所有设备接地良好，并在粉料中喷入液体（如添加的油脂），以减少或避免静电蓄积而导致微量组分尘化和分离。除密相输送外，尽量减少气力输送，多选用其他输送设备。

⑥通过成型或液体降尘剂，防止成品在一切操作过程再度出现粉尘和分离。

⑦用吸尘器等经常封闭式清理已沉积在地面、机器上的粉尘，防止二次尘化。

防治粉尘在室内扩散的最有效方法是直接在尘源处进行收集，经除尘器净化后收集或排除。这种通风除尘方法称为局部排（吸）风。该网络主要由吸尘装置、风管、除尘装置和风机等设备组成。对车间内进行全面通风换气的方法，一般不予采用。

采用通风除尘网络，要做到"密闭为主，吸风为辅"。这有两层意思：一是把产生粉尘的机器设备尽可能进行密闭，然后根据需要合理地安装吸尘装置，以便控制气流和吸除粉尘；二是如果吸风过大，会在室内形成真空，产生负压，造成从真空度比房间小的设备部分排出大量粉尘。

四、通风除尘网络

饲料厂的通风除尘网络由吸尘装置、风管、除尘装置和风机组成，主要用来吸除粉尘，有时也用来完成某些工艺任务，如降温、吸湿和分离杂质等。

（一）吸尘设备

1. 设计、选用吸尘装置的原则

①吸尘设备应尽可能使尘源密闭，并缩小尘源的污染范围。密闭装置要避免连接在振动或往复运动的设备上。

②吸尘装置的吸口应正对或靠近灰尘产生最多的地方，吸风方向应尽可能与含尘空气运动方向一致，但为了避免过多的物（粉）料被抽出，吸口不宜设在物料处在搅动状态的区域附近（如流槽入口）或粉料的气流中心。吸风罩的收缩角一般不大于60°，保证罩内气流均匀。

③吸尘装置的形式不应妨碍操作和维修。对于密闭装置可开设一些观察窗和检修孔，但数量和面积应尽量小，接缝要严密，并躲开正压较高的部位。与吸尘罩相连的一段管道最好垂直铺设，以防物料堵塞管道。

④为防止吸走物料，吸口面积应有足够尺寸，使吸风速度降低。吸风口速度：谷粒3 ~ 5 m/s，粉料0.5 ~ 1.5 m/s。

⑤高浓度微量组分宜用独立风网，它的吸风沉降物料不宜直接加入配合饲料内，应稀释后或采用小比例（1% ~ 2%）加入。

对从大容积密闭室或存仓吸风时，可不设吸风罩，将风管直接插入即可。

⑥所需风量在满足控制灰尘的条件下尽量减少，以节约能耗，并防止房间形成真空。

2. 吸尘装置

通风除尘网络中的吸尘装置主要是指吸风罩，吸风罩主要有密闭式和敞口式两种形式。

①密闭式。它是防尘密闭罩与吸风罩相连，其特点是把尘源的局部或整体完全密闭，将粉尘限制在一个有限的空间内。如斗式提升机，它的粉尘主要产生于底座。一方面畚斗

奋取物料时与其发生摩擦、翻动；另一方面通过溜管和提升机流入大量的诱导空气，使座内空气压力升高，造成粉尘从缝隙中逸出。为了防尘，可安装吸尘装置。其结构是在两管之间的底盖上装设吸口和吸风管。为了减少诱导空气，可在溜管中装设一个自由悬挂的活门，它能根据物料的多少而自动启闭。

②敞口式。由于工艺条件等各方面的限制和要求，机器设备无法密闭时，就只能把吸风罩设于尘源附近（上部、下部或侧面），依靠负压吸走含尘空气。如主、副料的投料口则无法密封，则可做成敞口式的吸风罩。

（二）除尘装置

所谓除尘装置就是除尘器。按照作用力的不同，除尘装置可分为重力除尘、惯性力除尘、离心力除尘、过滤除尘、声波除尘等多种类型。饲料厂目前采用最多的是离心式除尘器和袋式除尘器。

1. 离心式除尘器

离心式除尘器又称离心分离筒、集料筒、旋风式除尘器、沙克龙，是利用离心力将高速混合气流中的粉粒与空气进行分离的，结构简单的，本身无运动部件的装置。它分离 $5 \sim 10 \mu m$ 的粉尘效率较高，但处理 $1.0 \mu m$ 以下的粉尘的除尘效率低。通常用作料气混合流的集料装置或在除尘效率要求高的除尘系统中，用作第一级除尘设备。工作时，含尘气流以 $10 \sim 25 m/s$ 的流速由入口切向进入分离筒，气流将由直线运动变为圆周旋转运动，旋转气流将绕着圆筒呈螺旋向下，含尘气流在旋转过程中产生离心力，粉尘在其离心力的作用下，被甩向筒壁，粉粒便失去惯性力，在重力作用下沿筒壁面滑落至锥体底部，经卸料装置排出。

表6-2　离心式除尘器的参数

型号	下 旋				外 旋	
	55	55-1	60	60-1	38	45
处理量 Q（m3/min）	$0.5 \sim 55.8$	$2.0 \sim 46.7$	$3.7 \sim 61.5$	$2.1 \sim 34.1$	$1.8 \sim 22$	$3.0 \sim 37$
外径 D（mm）	$0.103VQ$	$0.117VQ$	$0.102VQ$	$0.311VQ$	$0.149VQ$	$0.115VQ$
内筒直径 d（mm）	$0.55D$	$0.55D$	$0.60D$	$0.60D$	$0.38D$	$0.45D$
外圆筒高 H_1（mm）	$0.60D$	$0.60D$	$2.17D$	$0.85D$	$0.80D$	$0.80D$
锥筒高 H_2（mm）	$2.50D$	$2.00D$	$2.00D$	$1.10D$	$2.30D$	$2.00D$
入口高 a（mm）	$0.45D$	$0.45D$	$0.58D$	$0.37D$	$0.25D$	$0.35D$
入口宽 b（mm）	$(D-d)/2$	$\{D-d)/2$	$(D-d)/2$	$(D-d)/2$	$0.25D$	$0.30D$
阻力系数 ζ（以 m 计）	$0.019/D^3$	$0.019/D^3$	$0.0058/D^4$	$0.0116/D^4$	$20D$	$25D$
进口风速（m/s）	$10 \sim 17$	$10 \sim 17$	$12 \sim 18$	$12 \sim 18$	$10 \sim 14$	$10 \sim 14$
理论分离效率（%）	$96 \sim 99$	$96 \sim 99$	$96 \sim 99$	$96 \sim 99$	99	99

饲料基础知识及其加工技术探究

引自饲料工业职业培训系列教材编审委员会编，1998。

①离心式除尘器的性能参数。一般进口气流速度为 10 ~ 25 m/s，最大不得超过 35 m/s；压力损失一般为 0.98 ~ 1.96 kPa；除尘效率外旋型和下旋型在 96% ~ 99% 范围内，如表 6-2 所示，表中 Q 为进气口风量，V 为进气口气流速度。

②离心式除尘器的选用。选用离心式除尘器时，必须首先了解粉尘的特性、浓度及除尘的要求等，以便选定分离筒的类型，选用步骤：首先，按经验确定某种型号的分离筒；其次，根据所需处理的风量 Q 和选用的进气口气流速度 V，由表 6-2 求得圆筒外径 D；最后，据所查找的（或计算的）D，按表中分离筒各部分与的尺寸比例关系，即可计算出分离筒各部分尺寸。

③影响离心式除尘器除尘性能的因素。理论上，可以认为离心除尘器对大于某一粒径的粉尘，其除尘效率为 100%，小于此粒径的效率为 0；实际上，由于反弹、涡流、夹带等作用，对小粒径也有些除尘的可能性，但捕集小于 5μm 的微细粉尘效率较低。影响除尘性能的因素有：第一，进风口结构和风速。按进风的方向可分为轴向进风和切向进风。轴向进风口的断面多为圆形，切向进风口的断面多为长方形。切向进风口断面的高宽比：直接进风口为 2 ~ 5，蜗壳进风口为 1 ~ 2。进风口的最佳风速一般在 12 ~ 20 m/s 范围内，最好通过实验获得。若风口风速超过 20 ~ 25 m/s 时，反而使除尘效率降低，还会使除尘器阻力和能耗增大；第二，底部排尘装置。除尘器分离出来的灰尘必须及时排出。排尘装置分为中心排尘和周边排尘两类。中心排尘可采用定期出灰的简单灰斗或卸灰阀。周边排尘多用于扩散式除尘器。排尘口的大小及结构对除尘效率有直接影响，其直径一般取 1 ~ 1.2d，由于排尘口处于负压较大的部位，故漏风 1%，除尘效率降低 5% ~ 10%；漏风 5%，降低一半；漏风 10% ~ 15%，效率降至零。如果底部做得大而深，并保持严密，将有利于除尘；第三，离心除尘器是否串、并联使用。

④离心式除尘器的使用。离心除尘器常用于对除尘效率要求不高的场合，用来除去粗大尘粒；当空气含尘浓度很高时，可与其他高效除尘器（如袋式除尘器）串联使用。离心除尘器常常并联使用，其主要原因是：第一，由于同一种离心除尘器小尺寸的除尘效率高，为了满足必须处理的空气量，常把若干个小直径的除尘器并联使用；第二，如果空气量的波动较大，在负荷减小时，可切断部分除尘器，既保持原来的除尘效率而又经济；第三，可以轮换对除尘器进行维修，而不影响网路的运行。

2. 袋式除尘器

袋式除尘器主要采用滤料（织物或无纺布）对含尘气体进行过滤，将粉尘阻挡在滤料上，以达到除尘的目的。过滤过程分为两个阶段：首先是含尘气体通过清洁滤料，这时起过滤作用的主要是纤维；其次，当阻留的粉尘量不断增加，一部分嵌入滤料内部，一部分覆盖在滤料表面，而形成粉尘层，此时含尘气体的过滤主要依靠粉尘层进行的。这两个阶段的效率和阻力有所不同。对饲料工业用的袋式除尘器，其除尘过程主要在第二阶段进行。

（1）袋式除尘器的结构

袋式除尘器主要由滤袋和清灰机构组成。

滤袋为提高滤尘性能，需选择适合滤袋材料，如工业涤纶绒布、毛毡以及新材料聚四氟乙烯（滤膜）等是很好的滤袋材料。滤袋一般占设备费用的 10% ～ 15%，需定期更换。

滤袋的除尘效率还与过滤风速有关，过大过小都不利，通常在 0.9 ～ 6.0m/min 范围内选用。在运行中要保持滤袋完整，否则，在一个滤袋上出现小孔，除尘效率将急剧下降。为解决静电荷积聚问题，可在滤料中掺入导电纤维。据资料显示，滤料中只要有 2% ～ 5% 的这种纤维，就能防止静电积聚。滤袋通常做成圆形，袋径为 120 ～ 300 mm，长为 200 ～ 3500 mm，袋间间距不小于 50 mm。

清灰装置对滤袋进行清灰的振打装置有机械振动式、反吹风式和脉冲式等多种。现代饲料厂多采用脉冲式。脉冲式滤袋除尘器是利用高压气流对滤袋进行脉冲喷吹，使滤袋积尘得到清理的。其工作原理是：含尘空气由进气口进入中部箱体，空气由袋外进入袋内，粉尘被阻留在滤袋的外表面，净化空气经设在滤袋上部的文氏管进入上箱体，然后由排气口排出。每排滤袋上部均有喷吹管，管上的小孔直径为 6.4 mm。为保证除尘器的正常工作，喷吹管每隔一定时间就以极高的速度喷吹一次压缩空气，每次喷射都带着比滤袋体积大数倍的诱导空气进入滤袋，使之急剧膨胀引起冲击振动，同时在瞬间内产生由内向外的逆向气流，使粉尘脱落，最后经泄灰阀排出。若滤尘采用外滤式，为防止过滤时滤袋可能被吸瘪，每条滤袋内设有支撑框架。每次清灰时间极短，且每分钟将有多排滤袋受到喷吹清理。清灰 1 次为 1 个脉冲，1 次清灰时间称为脉冲时间；两次脉冲之间称为脉冲间隔。每分钟的脉冲数称为脉冲频率；全部滤袋完成一次清灰的时间称为脉冲周期。

袋式除尘器的主要优点有：除尘效率高，特别是对细微粉尘（5μm）以下也有较高效率，一般在 99% 以上；经除尘后的空气含尘浓度常小于 0.1 mg/m³，可以回到车间再循环；工作稳定，便于回收干料；一般不会被腐蚀。

其缺点是：滤袋中的粉尘浓度可达到爆炸的浓度，此时若有明火进入，易发生爆炸事故；体积大，占地面积大，设备投资高；换袋的劳动条件差；不宜处理湿粉尘。

目前我国设计的脉冲袋式除尘器形式、规格甚多，选用时可查阅有关资料和手册。

（2）袋式脉冲除尘器与旋风除尘器除尘性能的比较

以两者同样处理 9000 m³ 含尘空气为例，袋式脉冲除尘器比旋风除尘器购价高三倍；前者结构复杂，维修费远高于后者；前者比后者所占面积大一倍；两者除尘效率接近，但除尘粒度范围不同；后者电耗稍高，但前者购价高。

可见，旋风除尘器对细小粉尘仍有较高的除尘效率，总效率可达 99% 以上，处理风量为 3 000 m³/h、6 000 m³/h、9 000 m³/h、12 000 m³/h，阻力为 3 500 Pa 左右，造价低且使用方便，是较理想的除尘设备。在饲料工业中，常以旋风除尘器作为唯一（如冷却器吸风除尘）或第一道除尘设备（将布袋脉冲除尘器作为与之配合的第二道除尘设备），以完成饲料厂的通风除尘任务。

五、粉尘爆炸的防止

饲料厂是比较容易发生粉尘爆炸的部门之一。据粉尘爆炸次数的情况统计，配合饲料厂占 48%。在饲料厂中，筒仓和料仓、斗式提升机吸风系统的次数占 75%，其相应比例各为 40%、20% 和 15%。爆炸原因多数是由于电焊、气焊或其他明火作业引起的。为防止粉尘燃烧爆炸，饲料厂需要采取相应的防护措施。

1. 建筑布局

饲料厂建筑布局要求做到：①饲料厂的生产区、生活区要分开，在生产设置专门的吸烟室；②生产性房间尽量做成小车间，并在它们之间安置保护通道；③为防止从机动车辆中排出的气体成为燃烧源，在装卸散装饲料点（易产生大量粉尘）建造斜平台，车辆可以不启动发动机而顺坡离开。

2. 建筑结构

①每个生产性房间安装易脱落的保护结构，易脱落件的面积和房间体积之比不小于 0.03 m²/m³，覆盖易脱落件的重量不大于 120 kg/m²；门和窗户做成易向外打开的形式，以在不被破坏时，可以作为易脱件的补充；②在楼梯间和升降机中装设泄爆孔，泄爆孔需布置均匀。在生产性房间，不应设计上面可能沉积粉尘的突出建筑结构；③料仓、楼板以及房中墙的表面、梁、柱等要做光滑，建筑结构中的结合点要做平整，墙与墙之间的夹角做圆滑，不留下沉积粉尘的空穴。房间内表面最好染上与粉尘的色泽有区别的色调。

3. 工艺、设备的防爆要求

由于设备运动机件的摩擦和发热，当管理、维修不善或运动机件有毛病时，可能很快过热，为此要采取相应措施。例如，在斗提机和胶带输送机的被动轮上安装速度传感器等自动控制的连锁装置，防止传动带打滑、摩擦造成胶带发热起火。

为防止原料内的金属及其他异物进入设备中因碰撞摩擦而发生火花，在饲料加工工艺中必须安装初清筛和磁选机。

由于悬浮在空气中的易燃粉尘产生的静电电压可达到 3000 V 以上，在一定条件下，静电放电会点燃粉尘，引起爆炸。因此，对于绝缘材料的橡胶织物的输送带、塑料制造的风管、气力输送管等，要安装金属防护网等措施，并保证各种机器设备安装在地上。

在工艺设备中，合理使用泄爆保护装置是安全措施之一。泄爆管与机器或机组的专门洞眼连接，它不小于保护设备的内部体积。泄爆管的孔用易破坏的隔膜（如牛皮纸）密封。当发生爆炸时，隔膜破坏泄压，从而保护了设备。泄爆管一般用有弹性的、紧固的、不易燃烧的、厚度不大于 0.04 mm 的铝片或铜片制成，泄爆管尽可能短而直，弯管弯的角度不大于 15°，以减少其阻力，因为泄爆管的阻力越小，爆炸时机器内部压力增长越小。不允许把几根泄爆管连接在一个集流管中，以免一台机器发生爆炸而传播到其他机器中。

机器设备一般涂上不燃烧的油漆，在离心除尘器、料仓、风管、斗提机的进料口处等要装设挡火器，防止火势蔓延。

4. 电器的防爆要求

电气设备、电气通风系统符合安全规范，都必须选用防爆型和接地装置，防止电机过热，电线漏电和短路而起火，高大建筑物安装避雷针。

由于普通照明电器上易沉积粉尘，造成灯泡温度升高可能形成火源。因此，要采用有保护的照明装置，保护罩和垫圈一起安装。对于可携带光源，应具有不传播爆炸的性能，其玻璃罩应用金属网保护。

5. 火的作业的防爆要求

在饲料加工企业中，几乎1/3粉尘爆炸是违反规范而进行火的作业发生的。因此，许多国家都禁止在筒仓、配合饲料厂等地方进行明火作业。但有的情况下又不得不进行明火作业，如在生产性房间内修理不可能搬出的设备时。在此情况下进行明火作业前，应做到以下四点：第一，操作人员要有在生产性房间进行明火作业的许可；第二，完全停止全部机器的工作；第三，仔细清除房间中的粉尘，包括墙、天花板、机械设备和管道内外的粉尘；第四，关闭风管、通风井以及设备的检查孔和洞眼。

加强对工作人员的培训，是防爆的根本措施。全体工作人员应熟悉除尘的办法、可能着火的火源、爆炸保护和挡火装置、疏散办法等，应遵守安全管理的规章制度，才能有效地防止粉尘爆炸。

第三节　环境防治

饲料厂的环境与工作人员的身心健康、企业的安全生产、饲料的质量有着密切的关系。

一、环境卫生

（一）清洁卫生

在饲料厂中，打扫清洁是防止饲料交叉污染，保护工作人员的身体，防止粉尘爆炸的主要措施之一。澳大利亚近30年来没有发生一次破坏性的粉尘爆炸事故，很大程度归功于他们制订了严格的清扫制度，规定了每天、每周、每月及每年清扫的范围及要求，并认真执行。生产车间的工作人员除了认真清理机器上的粉尘，打扫自己工作区范围地板上的粉尘外，还必须每年对整个房间进行数次打扫。打扫周期取决于粉尘积累的厚度以及更换饲料品种的情况而定。有的国家规定房间内堆积的粉尘层不应超过0.5 mm。打扫时，不应扫集粉尘，要用吸尘器或用湿抹布来收集。在有条件的地方，可利用集中的气力风网打扫清理粉尘。

（二）饲料卫生

饲料通过畜禽而进入人类的食物链。因此，饲料卫生的状况不仅关系到畜禽的健康及生产率，而且影响到人类的健康。饲料厂的污染按性质分主要有物理、化学和生物污染三大类。

1. 物理污染

饲料中若混杂着大量泥沙或金属碎片等，均会对畜禽造成机械性损伤。特别是混有碎金属、玻璃的饲料，容易造成畜禽消化道创伤而感染发炎或内出血而死亡。

2. 化学污染

它包括有些饲料在一定条件下会产生有毒物质，如饲料中残留的农药以及添加剂使用过量等。常见污染饲料造成畜禽中毒的农药有有机氯制剂（如DDT），有机磷制剂（如1605，1059），有机汞制剂和砷（砒）制剂等。对于长期储藏喷有杀虫剂、熏蒸剂的饲料，也须考虑污染问题。最主要的是畜产品中的药物残留和耐药菌株的产生已成为公共卫生问题。此外，在一定条件下会产生有毒物质的饲料（主要指青饲料），富含有的氰苷甙和一定量的硝酸盐，在适宜的条件下，会产生游离的氢氰酸或亚硝酸盐，造成家畜的中毒甚至死亡。

3. 生物污染

是指饲料受到细菌、霉菌和它们产生的毒素以及寄生虫卵、仓虫、老鼠等生物的危害而造成的污染。它不仅降低了饲料的营养价值，还会引起牲畜中毒、患传染病和寄生虫病等问题。

（三）饲料厂卫生要求

要做好饲养的防疫工作，就必须注重饲料的质量和卫生，对饲料厂卫生一般有如下要求：

①把好原料验收关，防止含有大量杂质和霉变的原料混入。

②注意配料计量设备的选择及其准确度，严格配料尤其是微量添加成分的配料。要求有两人专门负责，每天对微量添加剂要盘存核对；每3个月至少要校正一次配料秤。微量添加剂要单独存放，专人保管，防止因添加不当对畜禽造成的危害。

③配合饲料的混合均匀度是一个极重要的质量指标。要保证混合时间，尽可能减少或免除混合后的输送，每隔一段时间（如半年）对混合机进行一次检查。

④严格操作规程，定期打扫机器设备及厂房的清洁卫生，防止残留物对饲料的污染。尤其在更换饲料的品种时，更要进行认真清理。

⑤饲料厂内不得饲养畜禽。如因试验等工作需要不得不饲养，畜禽棚舍与生产车间要有一定距离，并应设在水流和盛行风向的下游以及地势最低的地方，并做好消毒和防疫工作，防止病原体和寄生虫卵等病菌带入饲料生产区。

⑥加强对成品的抽查和检验，保证配合饲料达到规定的营养标准和饲养卫生标准，防止有害化学元素和药剂超过规定要求。产品出厂时要检验，不合格者不能出厂。

⑦做好饲料的储藏和保管工作。在储藏期间，应及时掌握饲料的水分、湿度、温度和虫害的发生情况，防止饲料生虫生霉和氧化变质。成品一般要定期取样送检（1~3个月），记录备案。同时，应当保留平行样品半年以上，以备用户提出异议时仲裁分析。

要贯彻"饲料标签"标准，标明饲料名称、营养成分、分析保证值、净重、生产日期、保质期、厂名、厂址和产品标准代号等。

二、环境绿化

工厂绿化不仅能美化环境，而且能保护环境。绿化植物除了具有调节气候，保持水土等作用外，还具有净化空气、净化污水和降低噪声等功能。

1.减少空气中的灰尘

绿化植物能够阻挡、过滤和吸附空气中的灰尘。据测定，一个位于绿化良好地区的城镇，其降尘量只有缺乏树木的城镇的1/9~1/8。像刺楸、榆树、刺槐、臭椿、女贞、泡桐等都是比较好的防尘树种。草地也有显著的吸尘作用，如有草皮的足球场比无草皮的上空的含尘量少2/3~5/6。

2.减少空气中的细菌

绿化植物的作用一方面由于树木可以减少灰尘，从而减少了附着在灰尘上的细菌，另一方面由于一些植物能分泌挥发性物质，具有杀菌或抑制菌的能力。如在一个城市绿化差的街道上每立方米空气中所含的细菌数目，比同一城市绿化好的街道上高1~2倍以上，比同一城市树木茂盛的植物园中高40~50倍。悬铃木、松柏属、柏木、白皮松、柳杉、雪松、柠檬等树木具有较高的杀菌能力。

3.降低噪声

声波传到树木后，能被浓密的枝叶不定向反射或吸收，因此可以利用林带、绿篱、树丛来阻挡噪声。绿化植物应尽量靠近声源而不要靠近受声区，且以乔木、灌木和草地相结合，形成一个立体、密集的障碍带。比较好的隔声树种有雪松、圆柏、悬铃木、梧桐、臭椿、樟树、柳、杉、海桐、桂花、女贞等。

事物都是一分为二的，如果污染超过了绿化植物所能忍受和缓冲的限度，它们的生长和繁殖就会受到影响。所以，要在减少污染的基础上再来发挥绿化植物的有效功能。

第四节　有害生物防治

饲料中可能存在着另一大类有害物质，即有害生物及其毒素。饲料中的有害生物主要包括 3 个方面：一是霉菌及其毒素；二是细菌及其毒素；三是仓库害虫及其有害产物。有害生物污染饲料后，可以从 3 个方面对养殖业产生不良影响：其一是有害生物的有毒代谢产物使动物中毒；其二是这些有害生物可以使动物致病；其三是有害生物的生活、繁殖等活动造成饲粮营养价值或商品价值降低甚至使饲粮彻底损毁。

一、昆虫

在饲料原料和成品储藏中有许多种类的害虫发生，这些害虫会对饲料造成一定的危害，主要包括直接消耗饲料，以及虫尸、排泄物、缀丝、皮蜕及代谢产物造成饲料的污染，从而降低饲料的营养价值和商品价值。在昆虫生长过程中又会产生热和水分，使饲料的温度、湿度升高，进而导致饲料发霉变质，降低饲用价值。

1. 饲料害虫的种类

饲料储藏中的害虫按其危害特性可分为饲料粮粒内部发育害虫和饲料粮粒外部发育的害虫。粮粒内部发育害虫是由雌虫将卵产入粮粒（如象鼻虫）或是将卵产入粮粒外部，虫孵化出后，蛀蚀粮粒进入粮粒内部，靠粮粒内的营养供其生长发育。如象鼻虫中的谷象、米象、玉米象、谷蠹和麦蛾等。粮粒外部发育的害虫是从粮粒外部咬食粮粒，如杂拟谷盗、赤拟谷盗、锯谷盗、扁谷盗、大谷盗、印度谷蛾、螨类。

2. 饲料害虫的防治方法

"以防为主，综合防治"是害虫防治的基本原则。饲料储存期间有害昆虫的防治途径和方法主要有检疫防治、清洁卫生防治、物理机械防治和化学防治。

（1）检疫防治

检疫防治是按照国家颁布的检疫法或条例，对输入或输出的饲料粮及其附属包装物品等进行严格的检查和检验。如果发现有检疫对象，为阻止其传播或蔓延，以强制的手段将其有害虫的饲料粮或其他饲料原料及其附属物（包括运输工具）集中在指定的区域，及时采用治理措施加以消灭。如对外检疫的对象（禁止入境的危险性饲料相关产品的害虫）有谷斑皮蠹、大谷蠹、菜豆象、巴西豆象、鹰嘴豆象、灰豆象。

（2）清洁卫生防治

做好清洁卫生工作，是防治害虫的基础。害虫一般喜欢生活在潮湿、肮脏、阴暗的空隙或角落里。针对这一情况，要经常对一切饲料储存场所、工具、器材、物料进行清洁除虫并做好隔离工作，以创造不利于害虫生存的环境条件，使其不适于生存而死亡。防治害虫的方法有：

第一，清洁除虫。饲料仓库、工具中应建立和健全清洁卫生制度，经常扫除仓房、场地、车间内外的杂质、垃圾、污水等。要清除所有仓房角落、缝隙中的残留饲料、灰尘和隐藏的害虫以及虫茧、虫巢等，并将其堵死、填平，使害虫无藏身之地。所用的设备、工具应经常清扫，做到清洁无虫。

第二，隔离防虫。饲料原料仓场和工具、器材等在清洁后应做好隔离工作，防止害虫的再度污染。对清除出的垃圾、尘土、杂物、虫巢等应立即深埋或烧毁。在粮仓周围喷洒药剂防虫线。有虫的原料和无虫料分开储存。

（3）物理和机械防治

每一种类的害虫的生存，必须依赖生态因子，如温度、湿度、水分和氧气。采取一定的措施破坏害虫生存的生态因子，达到防虫、除虫的目的。

控制温度一定的温度是饲料害虫赖以生存、繁殖的必要条件之一。在适宜的温度之内，害虫的发育和繁殖都较快，而且随着温度的升高其发育繁殖加快，而在低于适宜的温度或高于适宜的温度的环境下，对于害虫有抑制和杀灭作用。多数害虫的适宜温度在 21 ~ 34℃，在此范围内，温度升高，虫害危害加重。当温度升至 35℃时，对多数害虫繁殖不利。当温度达到 45℃左右时，害虫处于热昏迷状态，经过一定时间可以致死。当温度高达 48 ~ 52℃时，会迅速死亡。因此，谷物原料等在夏季高温日晒有一定的杀虫作用。

由于多数害虫一般不冬眠，它们未形成对低温的抵抗能力。一般在温度低于时，害虫的生命活动减弱，新陈代谢低，会出现冷昏迷现象，到 -4℃以下便为害虫的致死低温区。因此，采用低温的方法防治害虫也是一种行之有效的方法。但要注意的是用低温储存时，低温必须保持一定的时间才有较好的杀虫效果。

控制饲料的水分含量水分是饲料害虫生长的重要条件。在一定的水分范围内（11.5% ~ 14.5%）可以促进昆虫数目的迅速增长。当谷物、豆类以及饼粕中含量低于9%时，米象、玉米象和谷象不能繁殖，它们的成虫在干燥饲料中不久即将死亡。所以，饲料贮藏过程中一般要求谷物饲料水分含量不超过 13.0%，饼粕类饲料不超过 12.0%，成品饲料北方不超过 14.0%，南方不超过 12.5%。

风筛除虫风筛除虫是利用风力和筛选设备，把粮食中混杂的害虫与杂质分离开来。风力除虫是利用害虫与饲料粮粒的密度不同，当它们通过风动设备的空气气流散落时，轻于粮粒的害虫、杂质等被气流吹到较远的地方，而较重的粮粒落在较近的地方，使粮粒与害虫、杂质分离。对于虫体等于或重于粮粒的，不宜采用风力除虫，可采用筛选除虫。

筛选除虫主要利用害虫与粮粒的大小不同，通过筛孔进行分离。影响筛选效果的因素主要是筛孔大小、物料流量与筛面的倾角、振幅等。风筛除虫宜在春、冬采用，此时虫种少，活动不旺，除虫效果较好。但风筛除虫仅对除治裸露性的（在粮粒外活动的）害虫有效，而对在粮粒内部活动的害虫尤其是幼虫无效。

（4）化学防治法

利用化学药剂破坏害虫的生理机能，从而毒杀害虫的方法称为化学剂防治。化学药剂防治既能大量歼灭害虫，又能预防害虫感染。化学药剂毒杀害虫的方式，有触杀、胃杀和熏蒸。触杀作用是药剂直接触及害虫，透过体壁进入虫体，使害虫中毒死亡。胃杀作用是指药剂从害虫的口经消化道进入害虫的体内，使害虫中毒死亡。熏蒸作用是指药剂气化成为有毒气体，通过害虫的气门，呼吸道进入虫体，使害虫中毒死亡。常用的化学药剂有敌百虫、敌敌畏、磷化氢。在立筒仓的熏蒸作业中通常用磷化氢熏蒸。对于成品饲料，若储存期较长时，可采取对人和动物低毒的防虫剂或保护剂进行保藏。

一种理想的熏蒸剂应具备以下条件：单位有效剂量费用少；对害虫有剧毒，但对人和动物没有太大危害；挥发性强，渗透性强，但粮食又不吸收；有警戒性，易于检查；无腐蚀性，不易燃，在现场条件下不爆炸，保存期限长；不与储藏物品发生反应而产生残留气体及无损于饲料品质；易散气，且不易残留；见效快且操作简便。对熏蒸后的饲料，要切记只有当其中有害残留物符合饲料词用要求时，才能进行加工或销售、饲喂动物。在施药过程中，要严格按照施药规程进行，确保人身安全。

二、鼠类

在饲料储藏中，鼠类是不可轻视的。老鼠是啮齿动物，繁殖力很强。环境适宜，一年中都可繁殖，新生的幼鼠经 2 ~ 3 月又可成熟繁殖后代，寿命一般在两年半左右。老鼠食性复杂，机警狡猾、嗅觉、触觉和听觉都很灵敏，门齿生长很快，经常啃磨。所以，老鼠的危害在于咬食大量的饲料、包装器材和建筑物，其粪便、尿、残食会污染饲料。此外，老鼠身上带有多种危险性的病原体会污染饲料。它能转播鼠疫、流行性出血热、钩端螺旋体等疾病。

我国发现的家鼠和野鼠 80 多种，常见的有黄胸鼠、小家鼠和黑线姬鼠等，其生态特征各异。老鼠的防治方法基本上有预防法、捕杀法和毒杀法等几种。

1. 预防法

预防措施有：①做好清洁卫生防治，即清扫仓房内外和场地的杂草、垃圾，随时整理包装材料和散落粮食，减少老鼠的隐蔽场所和取食；②堵塞鼠洞及利用各种措施切断鼠路，如装防鼠门、挡鼠门。

2. 捕杀法

捕杀老鼠主要用鼠夹、鼠笼和粘鼠板等捕鼠器械进行。为了提高捕鼠的效率，应先摸清鼠迹，采用先诱后捕的方式，即开始前上食不上钩，出其不意，将其捕获。诱饵也应恰当选择，经常更换，保持新鲜。

3. 毒杀法

毒杀法是将化学药剂加入诱饵，让老鼠取食后将其毒死。常用的药剂有抗血凝剂、磷化锌等。使用药剂时也应采用先诱后杀的方法，即先放无毒食物 3 ~ 4 d，让老鼠自由采食，然后再用毒饵。采用药剂杀鼠时注意安全管理，杀鼠场所闲人禁止入内，工作时戴风镜、口罩及乳胶手套，工作完毕应清理工具、手，残余毒饵和死鼠应深埋或集中烧毁。

三、微生物

（一）饲料中微生物的来源

1. 土壤中的微生物

土壤中的微生物在作物生长过程中已定居作物中，也可以通过昆虫活动和人类的操作等途径将微生物带到正在成熟或已收获的饲料作物上，其种类主要为细菌，其次为放线菌及真菌，还有一些藻类及原生动物。

2. 空气中传播的微生物

土表、大气、水面及各种干燥腐败的动植物体上都存在微生物。这些种类的微生物都可以借风力被带到空中，在空气中停留短时间后便会随降水或附着在灰尘上降落至地表，然后再污染饲料作物。

3. 储藏过程中感染的微生物

从田间收获的粮食作物一般经过一定时间的储藏后才用于饲料生产中，即需要经过一段时间后才被动物饲用。在储藏的过程中，由于各种条件所限，有可能感染害虫和螨类，而害虫和螨类身体表面常常带有大量的霉菌孢子，这些害虫侵染饲料后传播大量的微生物。

4. 动物源性饲料中的微生物

配合饲料除了植物源性饲料外，使用部分动物源性饲料，如鱼粉、羽毛粉、血粉、骨粉、肉骨粉等。由于它们在各自原料、加工、贮运等过程中可能感染大量的微生物，使用后可能被带入配合饲料中。

5. 加工过程中感染的微生物

在粮食加工及饲料加工中，各种设备的缝隙、边角等由于存在长时间积聚的灰尘、杂质和饲料碎屑，滋生大量的微生物，这些地方也是饲料污染源。

6. 人为加入的微生物

饲料生产中为了提高动物消化道中有益微生物的数量，而加入活菌制剂。但由于某些产品在菌种、原料、生产工艺过程或生产技术达不到要求而感染其他有害微生物，导致在生产配合饲料时人为加入。

（二）饲料原料微生物区系

饲料原料微生物区系是指在一定的生态条件下，出现在饲料上的微生物群体。由于受饲料种类多、来源广、加工环境复杂等因素的影响，微生物区系相当复杂，但基本菌群都类似。如新收获后，稻谷、小麦、玉米、高粱，以附生细菌和田间真菌最多，而储藏真菌最少；入库半年后，谷粒内部和外部的附生细菌和田间真菌减少，储藏真菌有所增加。由于霉菌菌丝一般只侵入到稻谷的糠层和小麦皮层下，所以米糠和麸皮中含有大量的霉菌孢子和菌丝。玉米的外部和内部主要是镰刀菌、黄曲霉、黑曲霉、青霉。花生的主要优势菌为曲霉和青霉。豆类的主要优势菌为干生性霉菌。油菜籽外部以细交链孢霉、顶孢头孢霉、植生芽枝霉及镰刀菌分布广且数量多，其次为黄曲霉。鱼粉中主要以细菌为主。这些微生物只要水、温度适合生长繁殖，它便会首先发展起来，并为后继的微生物创造有利的生长繁殖条件，导致饲料逐渐发生霉变，甚至产生毒素。

饲料中的霉菌感染饲料从田间种植、收获贮存到加工处理及饲养前的贮存都有与霉菌接触的机会。而配合饲料的成分、质地对霉菌来说都是很好的培养基，一旦达到霉菌生长需要的环境温度、湿度（37℃，水分活度 0.8 ~ 0.9），霉菌可能大量的繁殖。而饲料在生产、加工、利用等环节中均不可能对霉菌的生长条件进行控制，所以在我国生产的每种饲料或每个厂家的饲料中均存在有一定数量的霉菌。因霉菌污染饲料而造成动物中毒常常发生，严重地影响我国畜牧业生产。大部分霉菌毒素可残留在动物性食品中，进而威胁人类健康。因此，各国饲料法规都对一些重要的霉菌毒素的允许量进行限制，以减少因饲料霉变而造成的危害。

霉菌污染饲料的危害主要有如下几点：

①消耗饲料中营养成分。饲料被霉菌污染后，由于霉菌不断生长繁殖，就不断消耗词料中的营养物质。营养物质量降低的多少取决于饲料被污染的程度和时间，发霉严重时饲料的营养价值可能为零，饲料失去饲用价值。不同的霉菌对饲料中的营养成分的影响是不同的，总的来说是各种营养成分的绝对量减小，且适口性、消化率也降低。

②影响饲料的商品价值。霉菌污染饲料后，因霉菌在生长过程中形成的菌丝可引起饲料结块、变色。由于其中脂肪的分解氧化产生各种低分子的醛、酮、酸等酸败产物，可产生刺激性的气味。无论是饲料原料或成品饲料被霉菌污染后其商品价值将大幅度的降低。

③产生霉菌毒素危害动物的健康。霉变饲料对动物的危害不是其本身种类和数量的多少，主要是霉菌在生长、繁殖过程中产生的霉菌毒素，引起动物霉菌毒素中毒。

四、鸟类

与鼠类一样，鸟类也能吃掉大量的谷物和饲料产品。但鸟类对饲料厂最大的危害是它能造成饲料产品的污染。

麻雀所造成的损失最大，它们一般会在饲料厂内易吃到食物的地方（如在接货区和发货区）栖息或筑巢。如果工厂没有在厂房或库房的门、窗等入口处安装屏障，鸟类很容易进入厂房和库房，并在内占据位置，其粪便对饲料产品会造成污染。鸟的粪便不仅对工厂的外貌和产品包装产生不良影响，而且能够成为动物和人类疾病的来源。鸟巢还会滋生害虫，影响饲料原料和产品品质。

预防鸟类进入饲料厂的最好办法是安装各种有形的屏障，将现有的门保持关闭状态，或者在建筑物周围设置专门的金属屏障，以阻止鸟类进入厂房；也可运用其他装置防止鸟类的危害，这些装置有旋转灯、电子网等，各种装置的有效程度不尽相同。

五、控制有害生物的综合措施

饲料厂的卫生和有害生物的控制是全部经营活动中十分重要和不可分割的部分，同时也是一项复杂的工作。用于有害生物控制的方法大致可分为 4 类：检验、内务管理、物理和机械方法、化学方法等。

（一）检验

检验本身并不能控制有害生物，但能提供鉴别有害生物问题的系统方法。检验可用来鉴别存在的问题，如鼠类的活动群体大小，谷物受侵害及原料被微生物污染的情况等；或者用来鉴别潜在的问题，如工厂外围能为鼠类提供栖息条件的杂草高度及散落物料的多少，能为昆虫提供繁殖场所的设备死角里的存料堆积量等。检验的重点应放在辨明潜在的问题方面，以便能在问题发生前予以纠正。检验工作和检验记录还为考核现有卫生和有害生物防治计划提供依据。

（二）内务管理

简单地说，内务管理就是保持厂区清洁和秩序井然。它包括保持工厂外围、内部和外部的清洁，不给昆虫、鼠类、微生物和鸟类提供栖息、繁衍的场所和食物，如散落谷物及其制品的堆积；用适当的方法定期清扫厂区及设备的内外部位；对设备、原料和成品进行妥善保管和储存。内务管理是控制有害生物最有效的方法，通过良好的监督和管理才能达到效果。内务管理也是防止粉尘爆炸的根本措施。一个自身内务管理良好的工厂，也是一个安全、生产力高的工厂。

（三）物理和机械方法

控制有害生物的物理方法有温度调节、湿度调节和驱除有害生物等。用通风的方法将储存谷物的温度降低到不利于昆虫发育的程度，是防止由昆虫造成损失的一种实用方法。要控制谷物及饲料中霉菌生长，可将含水量降低至霉菌不适合生长水平。某些饲料加工作业能杀灭通过该系统的活昆虫。锤片式粉碎机和其他粉碎机的冲击能消灭活昆虫。制粒机内的温度和压力也可以杀死昆虫，并能减少被污染原料的细菌数。

（四）化学方法

根据不同情况，定期单独或联合使用接触性杀虫剂（用作谷物保护剂、表面喷洒剂、雾剂等）、熏蒸剂、灭鼠剂、杀鸟剂（包括毒药和驱赶药）等药物，达到防止有害生物的效果。

参考文献

[1] 刘进远. 饲料安全基础知识 [M]. 成都：四川科学技术出版社，2017.12.

[2] 张信，曹秀霞，古晓林. 饲料加工调制技术 [M]. 银川：宁夏人民出版社，2009.

[3] 王晓力，朱新强，陈季贵，等. 饲料加工利用技术与研究新视角 [M]. 北京：中国农业科学技术出版社，2017.08.

[4] 陈西风. 畜禽营养与饲料加工 [M]. 银川：宁夏人民出版社，2014.05.

[5] 于翠平. 饲料加工工艺设计原理 上 [M]. 郑州：郑州大学出版社，2016.04.

[6] 于翠平. 饲料加工工艺设计原理 下 [M]. 郑州：郑州大学出版社，2016.04.

[7] 李春丽. 饲料与饲料添加剂 [M]. 北京：中国轻工业出版社，2006.01.

[8] 龚月生，张文举. 饲料学 [M]. 咸阳：西北农林科技大学出版社，2007.08.

[9] 赵燕. 动物营养与饲料加工 [M]. 成都：四川科学技术出版社，2015.02.

[10] 张艳梅. 饲料加工与贮藏技术 [M]. 太原：山西科学技术出版社，2016.12.

[11] 沈维军，谢正军. 配合饲料加工技术与原理 [M]. 北京：中国林业出版社，2012.08.

[12] 李建文. 饲料加工技术 [M]. 武汉：湖北科学技术出版社，2011.03.